Ramin Amirmardfar

Oomiceto + alga verde = Planta

AF671928

Ramin Amirmardfar

Oomiceto + alga verde = Planta

As plantas são o resultado da coexistência de Oomycota e algas verdes

ScienciaScripts

Cover image: www.ingimage.com

This book is a translation from the original published under ISBN 978-613-4-91175-7.

Publisher:
Sciencia Scripts
is a trademark of
Dodo Books Indian Ocean Ltd. and OmniScriptum S.R.L publishing group

120 High Road, East Finchley, London, N2 9ED, United Kingdom
Str. Armeneasca 28/1, office 1, Chisinau MD-2012, Republic of Moldova, Europe
Printed at: see last page
ISBN: 978-620-8-09751-6

Conteúdo

Notas biográficas do autor:

Ramin Amirmardfar nasceu em 19 de março de 1971 em Tabriz, província do Azerbaijão Oriental, no noroeste do Irão. Completou os estudos primários e secundários na mesma cidade e iniciou os estudos em 1989 em proteção das plantas na Universidade de Tabriz. Prosseguiu os seus estudos no domínio da entomologia agrícola na mesma universidade. Para além dos estudos académicos, interessou-se pela evolução dos animais/plantas e pelo efeito da gravidade da Terra sobre eles. A partir de 1990, começou a escrever artigos neste domínio e até nove deles foram publicados em revistas científicas. Em 2000 e 2001 publicou dois livros com os títulos "A relação entre a gravidade da Terra e a evolução animal" e "O ABC da evolução". Casou-se em 2003 e tem uma filha.

Este livro é dedicado a:

Giordano Bruno , Berterand Russell , Samad Behrangy e todos os cientistas antes de mim

Prefácio

Na nossa sociedade, as invenções importantes, cujo valor científico é óbvio, são rapidamente aceites pela maioria e têm muito valor material para os seus proprietários, mas aqueles que descobrem os princípios fundamentais e a base científica não recebem qualquer recompensa e, por vezes, a sua vida chega ao fim, não só porque não viram qualquer recompensa, mas também porque ninguém compreendeu o seu objetivo. Mas, em vez disso, quando outra invenção chega ao mercado, a fama do primeiro grupo desaparece, enquanto a fama do segundo grupo aumenta, e a importância do princípio científico aumenta com o aumento do seu número e do seu número de aplicações.

As pessoas que têm muito conhecimento e não adoptam o seu conhecimento umas com as outras e também não o relacionam entre si, embora as pessoas de mente simples os considerem cientistas, mas na realidade não têm qualquer diferença com as pessoas simples e ignorantes, e estes conhecimentos irrelevantes não têm qualquer valor. Quando o conhecimento é adotado por um crescimento regular e unificado e é harmonioso, pode ser chamado de conhecimento integrado. Este tipo de conhecimento não pode ser obtido através da acumulação de alguma informação e da reunião de regras grandes ou pequenas e irrelevantes, mas deve ser estudado e analisado com mansidão, para que o cérebro possa escolher e absorver o que precisa. Quando o conhecimento e a informação se tornam exclusivos e complicados, a necessidade da sua unidade é cada vez mais sentida. Se não se encontrar uma pessoa nervosa para fazer tal coisa, o mundo das ciências será inexpugnável muito em breve. Atualmente, há muitos profissionais que, como uma abelha, não têm consciência do trabalho que estão a fazer. Trabalham avidamente num canto e também o seu trabalho é muito útil. Mas a ciência não é específica para os resultados do seu trabalho individual.

O crescimento da ciência é como o crescimento de uma criatura viva; algumas pessoas devem ocupar-se deles, e devem integrá-los e combiná-los, para que possam unificá-los com sucesso. Se não houver uma tentativa de recolher e unificar os conhecimentos, os factos científicos separados e as pequenas teorias aumentarão, mas a ciência desaparecerá per se. A pessoa que se dá ao trabalho de compreender as partes muito complicadas da ciência e de as culminar, é como um transeunte que observa o deserto e tudo o que nele existe, a partir do cimo de uma montanha, as colinas com as suas formas estranhas e as florestas espessas já não o confundem, e ele pode vê-las todas do cimo da montanha e nenhuma delas impede que as outras sejam vistas por ele, e ele pode vê-las todas e pode diferenciar e reconhecer as suas relações. Não é necessário que o integrado seja mais amplo do que as outras ciências específicas, porque a pessoa que quer adquiri-lo, não tenta estar ciente dos punctilios e dos mistérios que são atribuídos ao conhecimento exclusivo ou não quer encher o seu cérebro com eles.

A maior parte dos punctilios que são adquiridos pelo cientista especialista com um trabalho árduo, não tem importância para um cientista abrangente. Tal como o desenho do curso de água de um rio é muito simples para um desenhador, para descobrir o que muitas pessoas trabalharam arduamente. Também para um cientista abrangente, o registo de factos e pensamentos científicos é muito simples; cada um deles é o resultado do trabalho árduo e da inteligência dos cientistas. Mas a maior parte dos cientistas prefere não ir além das experiências e da experiência. Mas tudo o que fazem torna-se mais duvidoso e, muito rapidamente, as tentativas mais expeditas de adquirir conhecimentos experimentais parecem-lhes um acontecimento acidental.

Quando comparamos a decisão determinada e a tentativa de um cientista abrangente com a hesitação de outras pessoas, podemos considerá-lo um herói. Sinceramente, este caso tem um aspeto heroico, porque tem um aspeto de aventura. As investigações exclusivas geralmente não enfrentam o fracasso, porque os seus resultados são imediatos e trazem alívio. Um astrónomo que nos extrai o calendário correto e um químico que nos fornece as cores, assim como um padeiro que nos traz o pão do forno, estão conscientes do resultado do seu trabalho, e também escrever as cartas regularmente e colocá-las nos seus lugares com cuidado ou colocar a fila dos insectos e conchas e escrever notas e artigos sobre eles é satisfatório para a maioria das pessoas. Eles sabem que o seu trabalho permanecerá para sempre, porque fornecem os materiais, que são a base de qualquer composto científico, com o passar do tempo os edifícios são construídos com estes materiais, e talvez o edifício seja destruído, mas os materiais permanecem! A maior parte dos cientistas pára aqui, ou seja, fornecem o material mas não constroem o edifício. Suponho que têm medo de se desconcertarem e não avançam seguindo o seu instinto natural. Têm o direito de não avançar, mas o pensamento de que onde quer que se desnorteiem, todos eles estarão envolvidos nessa situação, é errado. Se se disser que as teorias de um cientista abrangente precedem as suas experiências, a resposta é que este inconveniente é verdadeiro para todas as outras teorias científicas e a pessoa que apresenta uma teoria não deve ser questionada se ela própria a testou ou não.

"George Sarton"

"O meu tempo há-de chegar."

Gregor Mendel

Introdução

Os cientistas acreditam na evolução das plantas:

A evolução das plantas resultou em níveis de complexidade muito variáveis, desde os primeiros tapetes de algas, passando pelas briófitas, licopódios e fetos, até às complexas gimnospérmicas e angiospérmicas actuais.

As plantas terrestres evoluíram a partir de um grupo de algas verdes, talvez já há 510 milhões de anos; algumas estimativas moleculares situam a sua origem ainda mais cedo, há 630 milhões de anos. Os seus parentes vivos mais próximos são as charófitas, especificamente Charales; partindo do princípio que o hábito das Charales pouco mudou desde a divergência das linhagens, isto significa que as plantas terrestres evoluíram a partir de uma alga ramificada e filamentosa que habitava em águas doces pouco profundas, talvez na orla de charcos sazonalmente dessecantes. A alga teria tido um ciclo de vida haplonético: só muito brevemente teria tido cromossomas emparelhados (a condição diploide) quando o óvulo e o esperma se fundiram para formar um zigoto; este ter-se-ia imediatamente dividido por meiose para produzir células com metade do número de cromossomas não emparelhados (a condição haploide). As interações de cooperação com os fungos podem ter ajudado as plantas primitivas a adaptarem-se às tensões do reino terrestre.

As plantas não foram os primeiros fotossintetizantes em terra; as taxas de meteorização sugerem que os organismos fotossintéticos já viviam na terra há 1 200 milhões de anos e foram encontrados fósseis microbianos em depósitos lacustres de água doce de há 1 000 milhões de anos, mas o registo de isótopos de carbono sugere que eram demasiado escassos para terem impacto na composição atmosférica até há cerca de 850 milhões de anos. Estes organismos, embora filogeneticamente diversos, eram provavelmente pequenos e simples, formando pouco mais do que uma "escória de algas".

As primeiras provas da existência de plantas em terra provêm de esporos de meados do Ordovícico (início de Llanvirn, há ~470 milhões de anos). Estes esporos, conhecidos como criptosporos, eram produzidos individualmente (mónadas), aos pares (díades) ou em grupos de quatro (tétradas), e a sua microestrutura assemelha-se à dos esporos das hepáticas modernas, o que sugere que partilham um grau de organização equivalente. As suas paredes contêm esporopollenina - mais uma prova de uma afinidade embriofítica. Pode ser que o "envenenamento" atmosférico tenha impedido os eucariotas de colonizar a terra antes disso, ou pode simplesmente ter levado muito tempo para que a complexidade necessária evoluísse.

https://en.wikipedia.org/wiki/Evolutionary_history_of_plants

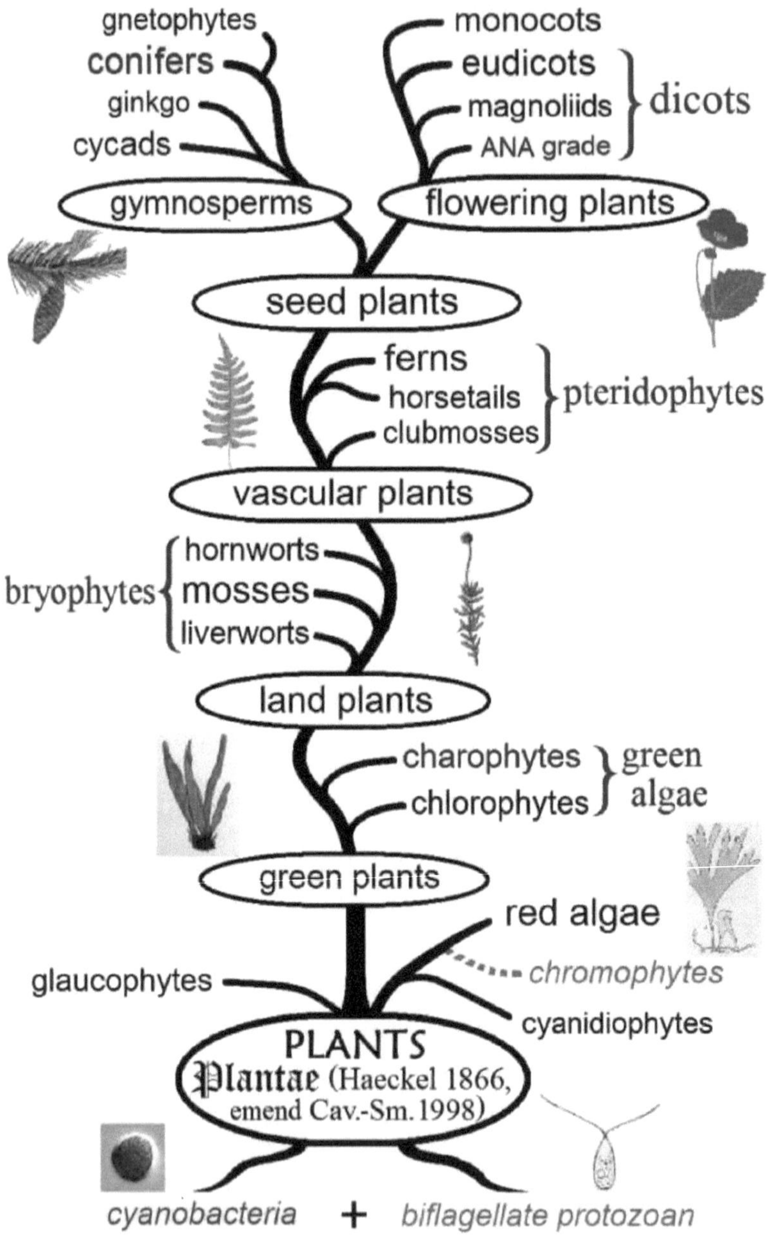

https://en.wikipedia.org/wiki/File:Plant_phylogeny.png

A minha opinião sobre a evolução das plantas:

Heterotrophic protist + cyanobacterium = Green algae

Protist + Green algae = Euglena

Fungi + Green algae = Lichen

Oomycete + Green algae = Land plants*

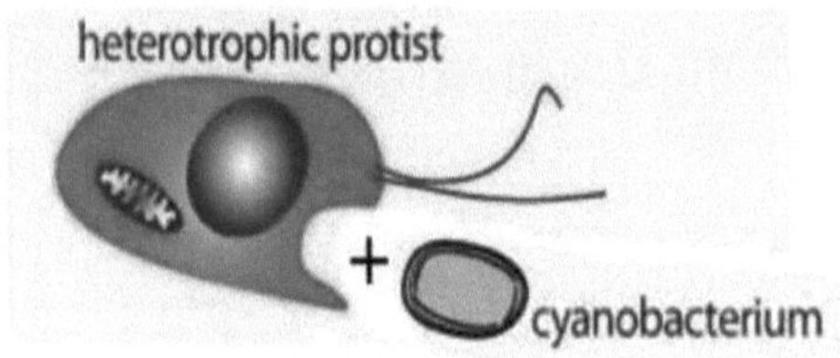

= Green algae

Fungi + 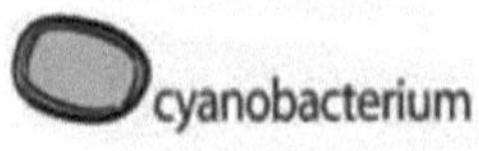

= Lichen

Protist + Green algae = Euglena

Fungi + Green algae = Lichen

Oomycete + Green algae = Land plants *

Ramin Amirmardfar

2017 Oct 25

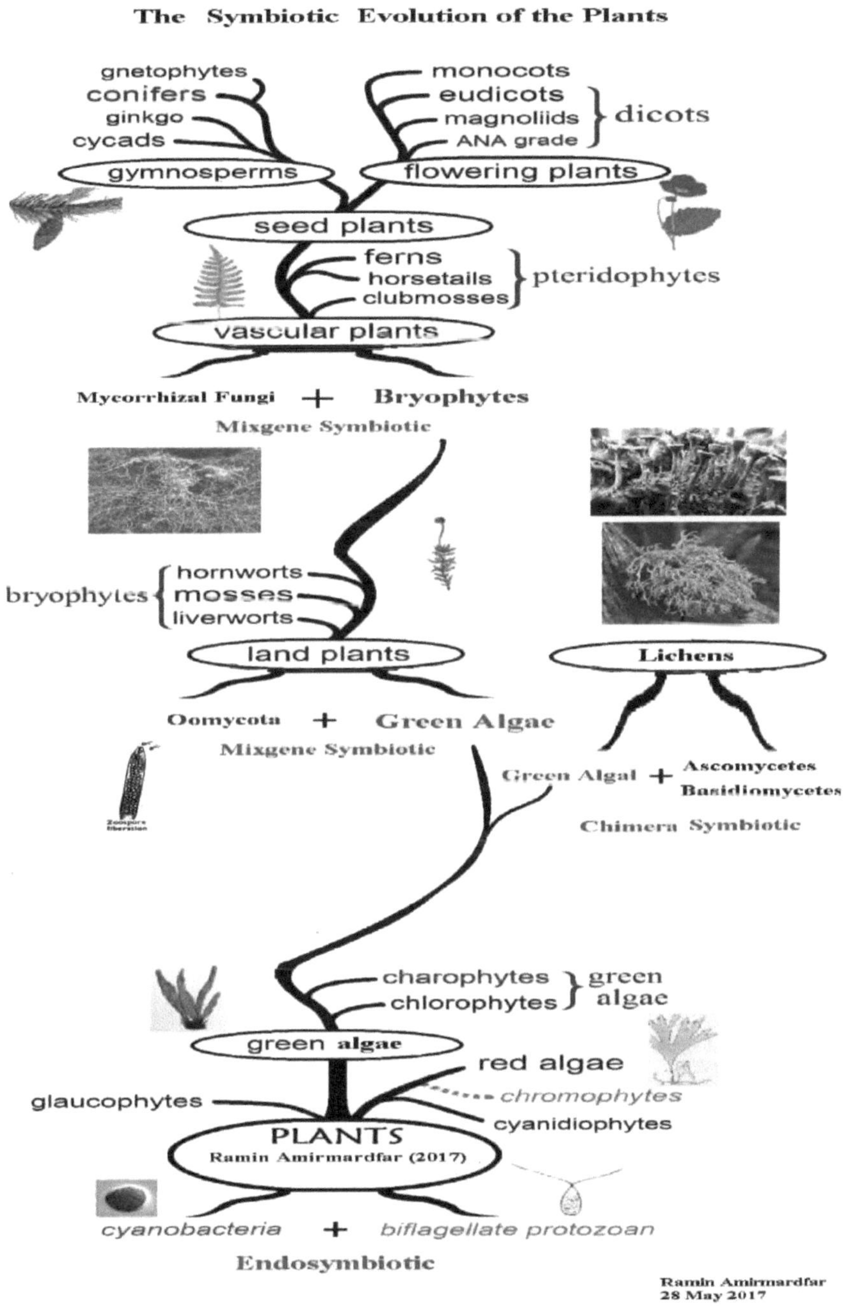

Quando o encontrou pela primeira vez, o *Ptilidium* estava na sua fase de esporófito e parecia uma massa de pequenos cogumelos de capa preta a aparecer entre musgos atarracados. Depois de o ver através da lente da câmara, apercebi-me de que não era um fungo, mas sim uma hepática.

https://areallysmallfarm.com/tag/leafy-liverwort

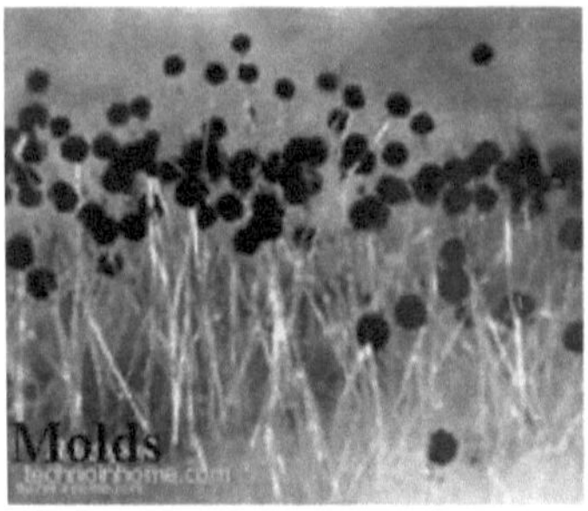

Sporangium of a Fungi

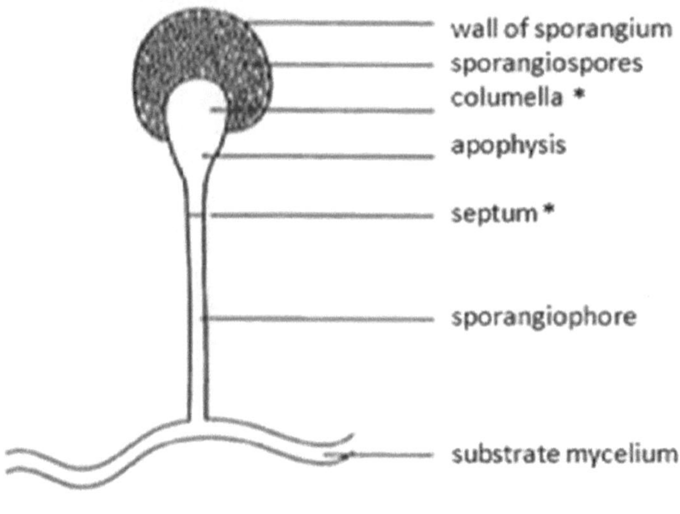

Esporófito de uma Livenvort

Diploide

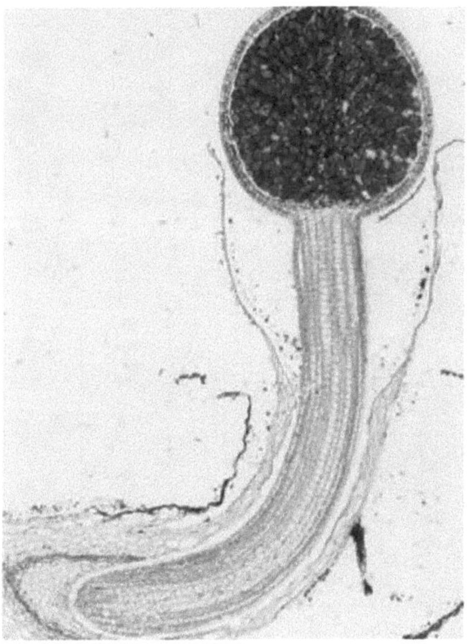

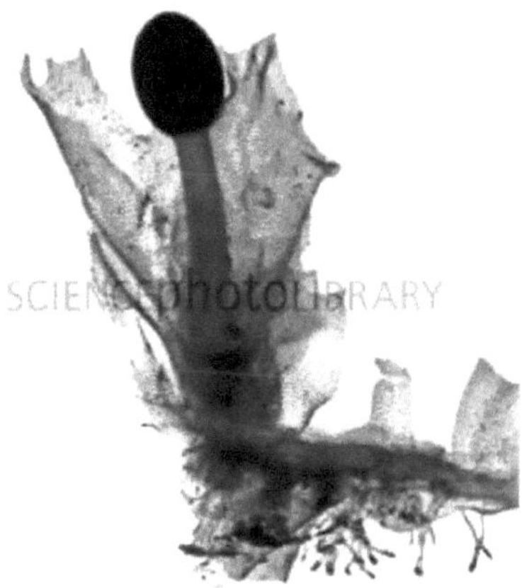

Elongate sporangium

in a Oomycota

Diploid

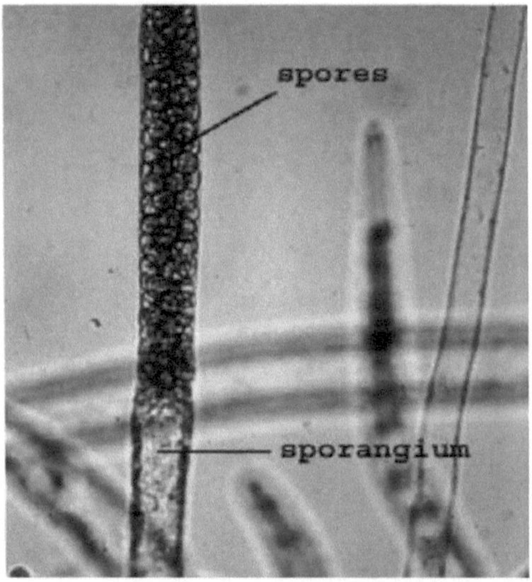

The tip of the ***Anthoceros*** sporophyte matures first, shedding the spores to the wind.

http://www.hiddenforest.co.nz/bryophytes/hornworts/anthocertaceae/images/horn03.jpg

Diploid

Mold

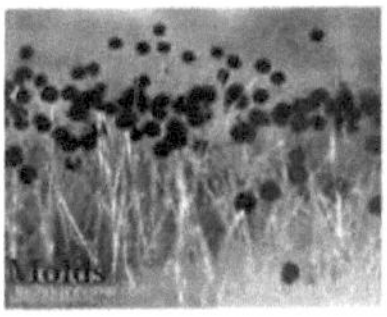

Sporangium of a Fungi

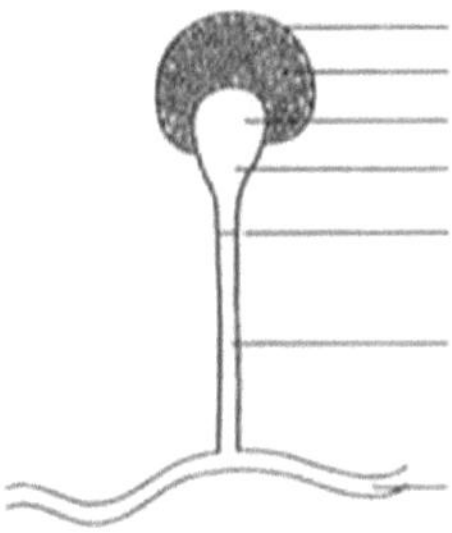

Elongate sporangium in a Oomycota

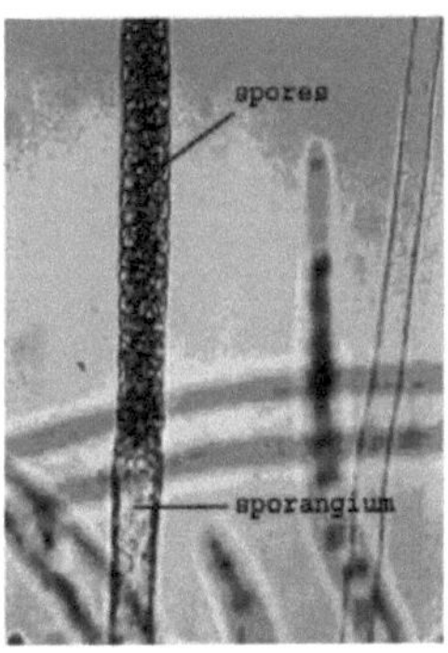

Diploid

Sporophyte of a Liverwort

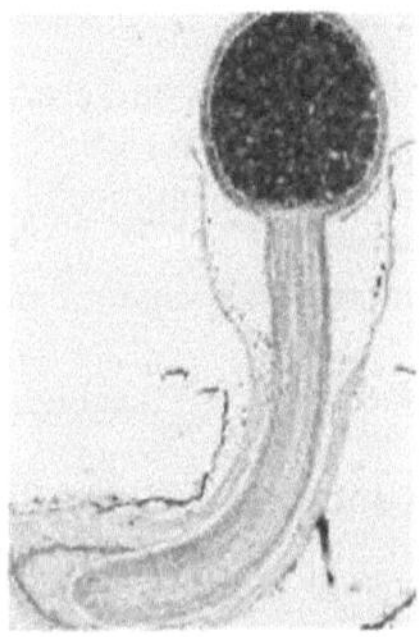

Ramin Amirmardfar
2017 Oct 28

Como é que uma célula descobriu pela primeira vez esta capacidade que produz as várias células?

Se uma célula bacteriana se dividir mais de cem vezes, as bactérias semelhantes acabam por surgir.

Se uma célula de Euglena se dividir mais de cem vezes, a Euglena semelhante acaba por surgir.

Numa colónia de células, a célula divide-se e produz células semelhantes na colónia.

As bactérias, unicelulares e as colónias são as primeiras células da Terra. Estas células só podem criar células semelhantes.

Mas o zigoto de uma esponja (célula estaminal) pode produzir três tipos de células durante a divisão celular (célula ameboide, célula de superfície achatada e célula de colarinho).

Este livro responde às seguintes questões:

1) Como é que uma célula descobriu pela primeira vez esta capacidade que produz as várias células?
2) Em que altura apareceram estas células na Terra?
3) As células estaminais são específicas, multicelulares e coloniais?
4) As células estaminais encontram-se apenas na multicelularidade e na colonialidade?
5) As células estaminais encontram-se nos unicelulares?

As células foram criadas pela simbiose de organelos num grupo. As células, por sua vez, deram origem a animais policelulares simples, coexistindo umas com as outras. Excelentes animais e plantas surgiram por se juntarem uns aos outros nestes policelulares simples. Lerá neste livro como isto foi feito e saberá que as células não são componentes dos animais e das plantas, mas os seus componentes são animais policelulares que viviam livres na natureza num determinado período. Por outras palavras, o corpo dos animais e das plantas surgiu por simbiose entre alguns animais simples. Esta é uma teoria completamente nova e pode estudar as suas evidências neste livro.

Como e quando surgiu ,

as primeiras células estaminais da Terra?

If a bacterial cell, divided a hundred times, the same bacteria arise finally.

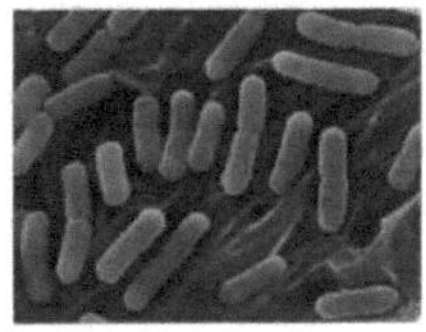

If a Euglena cell divided a hundred times, the same Euglena cell arise finaly.

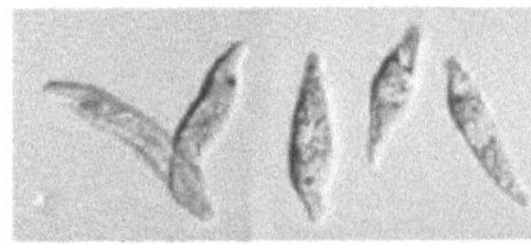

In a colony , cell divides and produces the same cells.

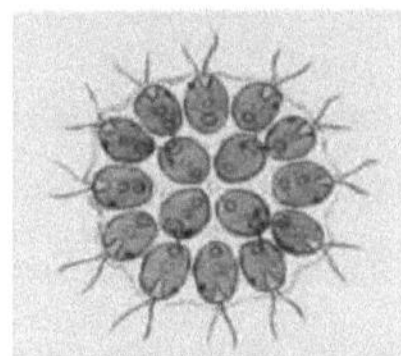

Bacteria, unicellular and Colonies are the first cells on Earth. These cell can only, create the similar cells.

A stem cell is able to produce different cells.

A cell can produce three types of cells

Zygote

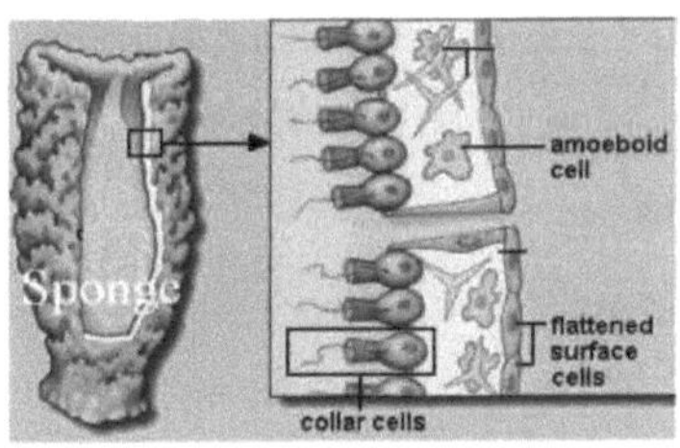

My question:

How a cell has found this ability for first time that produces the various cells?

At what times these cells appeared on earth?

Ramin Amirmardfar 2014

A ciência da química começou a desenvolver-se quando os cientistas começaram a conhecer os componentes da matéria (átomos e moléculas). A ciência da biologia começará a desenvolver-se, quando os cientistas começarem a conhecer os componentes dos animais/plantas.

A regra de classificação para a evolução da massa na Terra:

Átomos>Moléculas (ex. CO_2) >Moléculas orgânicas (ex. Aminoácidos) >Moléculas orgânicas de grandes dimensões (ex. Proteínas) >Organelos>Células> ? >Animais de grande porte/Plantas>Comunidades (ex. Colónia de abelhas) >... Em vez disso, qual é o ponto de interrogação?

Os cientistas respondem: Tecidos

São os lenços de papel em vez do ponto de interrogação?

Este diagrama mostra a evolução da massa, etapa por etapa, desde a partícula mais pequena até às comunidades animais. Cada etapa (fase) é criada através da reunião de partes da etapa anterior. O tempo de ocorrência de cada etapa é posterior à etapa anterior. Por exemplo, as proteínas só podem surgir se os aminoácidos já existirem antes. Há duas etapas desconhecidas no diagrama, indicadas por pontos de interrogação. Uma delas é a última etapa que ainda não foi criada e que ocorrerá no futuro. Mas uma destas etapas desconhecidas situa-se entre as células e os animais/plantas superiores. Esta é a etapa de que me apercebi pela primeira vez e sobre a qual os cientistas não têm qualquer informação. No meu trabalho, mencionei muitas provas da existência desta etapa.

Nesta via evolutiva, cada partícula está presente de forma independente na natureza.

O que é que existe de forma independente (ao mesmo tempo que é como um tecido) na natureza para que dela possam ser criados animais/plantas?

A minha resposta: Organismos pluricelulares

O corpo de todos os animais e plantas é feito de simbiose entre fungos e algas. O corpo dos líquenes é semelhante. Mas com a diferença de que: O crescimento é feito por zigotos conjuntos (alguns zigotos fundidos) (célula estaminal).

Há algumas perguntas sem resposta na biologia:

A primeira célula estaminal, como e quando surgiu na Terra?

Uma célula (célula estaminal) pode gerar várias células diferentes apenas através de um genótipo?

A distinção como ocorre?

A minha teoria responde facilmente a estas questões.

As células são a unidade constitutiva do nosso corpo?

Stem cells come from the merging of two dissimilar cells.

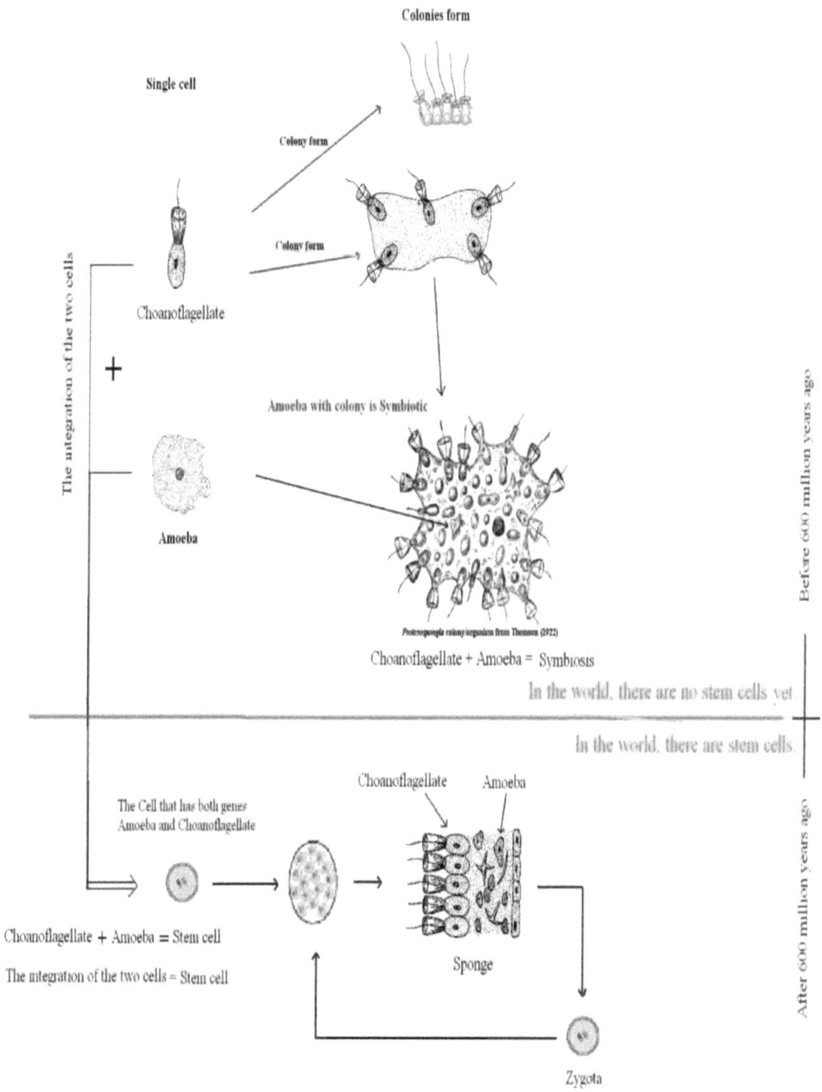

Ramin Amirmardfar

01 November 2014

How the appearance of the first animal stem cells?

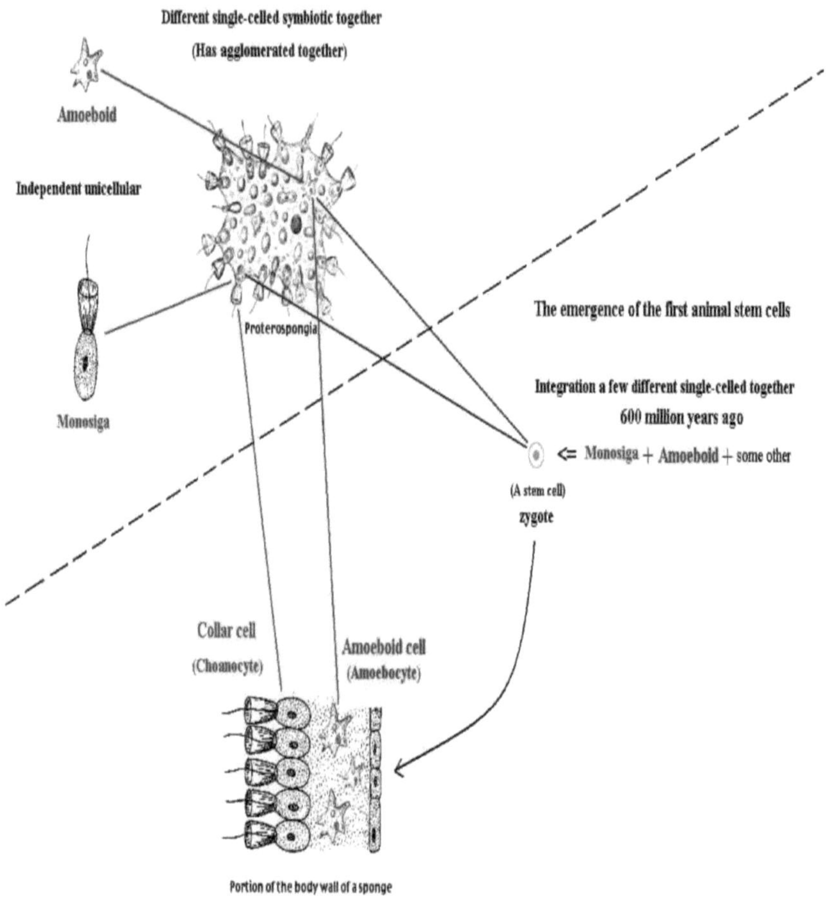

A animal "stem cell" has emerged for the first time on Earth from the merger of tow or several different independent single-celled in 600 mya.

Ramin Amirmardfar
Friday - 2016 08 July

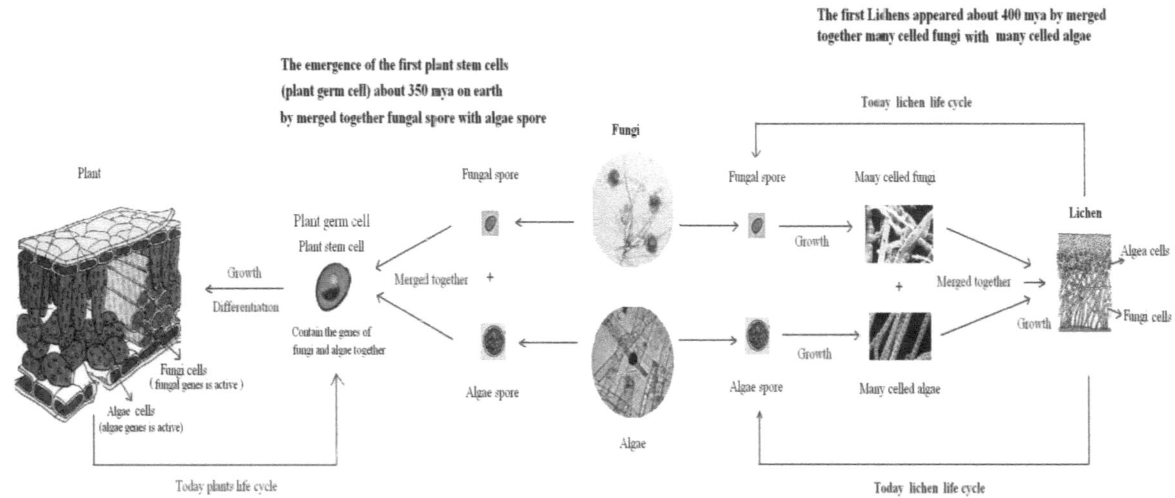

All cells of a plant have fungus genes and algae genes together within its core

The complexity of building plants depend on the number of type algae and fungus participants

Ramin Amirmardfar
20 May 2015

Lei de classificação

Qual é o componente de um átomo?

A) Electrões, Protões e Neutrões

Qual é o componente de uma molécula?

A) Electrões, Protões e Neutrões

B) Átomos

Qual é o componente de uma proteína?

A) Electrões, Protões e Neutrões

B) Átomos

C) Moléculas de aminoácidos

Qual é o componente de um organelo?

A) Electrões, Protões e Neutrões

B) Átomos

C) Moléculas

D) Proteínas e outras moléculas grandes

Qual é o componente de uma célula?

A) Electrões, Protões e Neutrões

B) Átomos

C) Moléculas

D) Proteínas e outras moléculas grandes

E) Organelos

Qual é o componente de um animal ou planta policelular?

A) Electrões, Protões e Neutrões

B) Átomos

C) Moléculas

D) Proteínas e outras moléculas grandes

E) Organelos

F) Células

Qual é o componente de um animal ou planta avançado?

A) Electrões, Protões e Neutrões

B) Átomos

C) Moléculas

D) Proteínas e outras moléculas grandes

E) Organelos

F) Células

G) ?

É uma lei de classificação considerável no mundo da existência. Assim, as partes simples reúnem-se numa classe e criam partes complexas. Depois, estas partes complexas juntam-se numa classe e criam outras partes mais complexas, e este processo continua continuamente até chegar à existência final de partes tão complexas. Os electrões, protões e neutrões, que são a forma mais simples de substância, juntam-se numa classe e criam átomos. Os próprios átomos juntam-se numa classe e criam os elementos. Na fase seguinte, os elementos juntam-se numa classe e criam moléculas complexas. As moléculas complexas reúnem-se numa classe e dão origem a moléculas orgânicas complexas. Na fase seguinte, as moléculas orgânicas complexas juntam-se numa classe e criam os órgãos celulares (organelos). Também as células se juntam numa classe e dão origem a animais e plantas.

Aqui a questão é a seguinte: A unidade estrutural dos animais e plantas desenvolvidos é a célula? A célula não é uma unidade muito pequena para criar seres desenvolvidos?

Ao ser criado para um átomo, este é criado a partir de átomos que contêm no máximo dezenas de electrões e protões. Ao criarmos uma molécula simples, utilizamos apenas um máximo de dezenas de moléculas. Mas observamos que um ser desenvolvido se organizou a partir de milhões de células. Poderá a célula ser a unidade organizadora dos seres desenvolvidos? Entre estas duas classes, as células reúnem-se numa classe e organizam os tecidos e depois os tecidos reúnem-se numa classe e criam os sistemas do corpo e finalmente estes sistemas reúnem-se numa classe e criam animais e plantas desenvolvidos. Neste caso, o número de partes que organizam o corpo dos animais desenvolvidos e os sistemas do corpo são os mesmos, e assim o problema resolve-se, porque há mais dois passos, tecidos e sistemas, entre a célula e o corpo inteiro. Poder-se-ão considerar os tecidos e os sistemas do corpo como uma etapa das etapas dos sistemas de classificação do mundo?

Ao falarmos de electrões e protões numa classe e de átomos, a nossa intenção é que sejam partes que possam existir independentemente no mundo. Um eletrão pode existir individualmente sem se associar a um átomo. Já foi dito que uma simples molécula é feita juntando átomos numa classe. Estes átomos existem individualmente antes de se juntarem numa classe. Se analisarmos esta molécula simples, podemos obter o seu átomo organizador e utilizar estes átomos para fazer outras moléculas, utilizamos um átomo nesta molécula e outro noutra molécula. Assim, os átomos que participam numa molécula, não perdem a sua natureza, enquanto se associam para formar uma molécula, conservam-se como átomos e depois de analisar a molécula, ficam também como átomos com as mesmas especificações iniciais. Ao juntar algumas moléculas simples e criar uma molécula orgânica complexa, as moléculas simples não perdem as suas caraterísticas. As moléculas simples são reconhecíveis umas das outras numa molécula orgânica e é possível retirar uma e colocar outra no seu lugar. É possível analisar uma molécula orgânica e obter moléculas simples iniciais, e estas moléculas simples obtidas podem ser utilizadas na estrutura de outras moléculas complexas. Ao reunir os organelos numa classe e criar uma célula, eles não perdem a sua natureza. Uma mitocôndria, ao se instalar numa classe e organizar uma célula, mantém a sua natureza de mitocôndria. Uma mitocôndria pode crescer dentro de uma célula, pode reproduzir-se e multiplicar o seu número, e até pode morrer antes da célula. O cloroplasto de um grão também é semelhante. Se injectarmos um antibiótico numa célula de Euglena, os cloroplastos que se encontram no seu interior morrerão, mas a Euglena em si não morre. O núcleo também é igual. Pode dividir-se sem dividir a célula e multiplicar-se, como as células musculares do corpo, ou morrer antes da célula, como os glóbulos vermelhos do corpo. Ou seja, os organelos organizam a célula juntamente com ela, mas têm uma natureza independente.

Assim, uma conclusão total é a seguinte: partes de uma classe têm poder de existência nas condições actuais ou tiveram em condições passadas.

Voltemos ao tema dos tecidos e sistemas do corpo dos animais. Estas partes têm condições de existência autónoma no tempo presente? Ou tiveram no passado?

Se quisermos conhecer os sistemas corporais como componentes do corpo de um animal vivo desenvolvido, temos de aceitar que estes sistemas podem existir independentemente uns dos outros num determinado estado. Também devem ter a capacidade de se separarem uns dos outros e de se reconstruírem numa nova composição.

Poderá isto ser aceite e obter provas para tal?

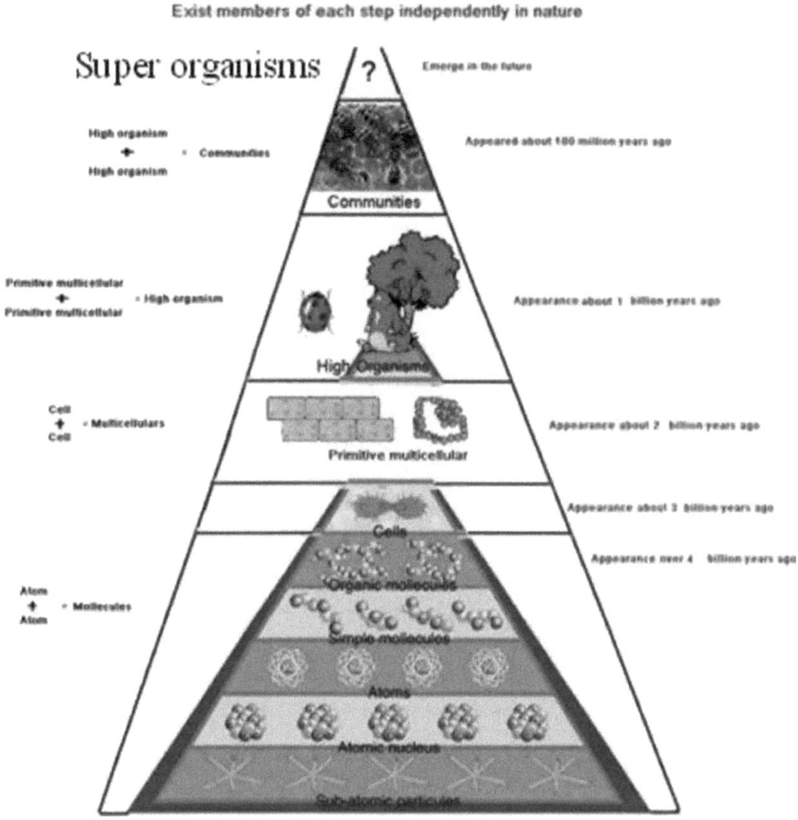

http://astro-canada.ca/_en/a4005.php

http://www.world-builders.org/worlds/planets_03/supiesles/mwatplant.html

Ramin Amirmardfar

1392.11.21

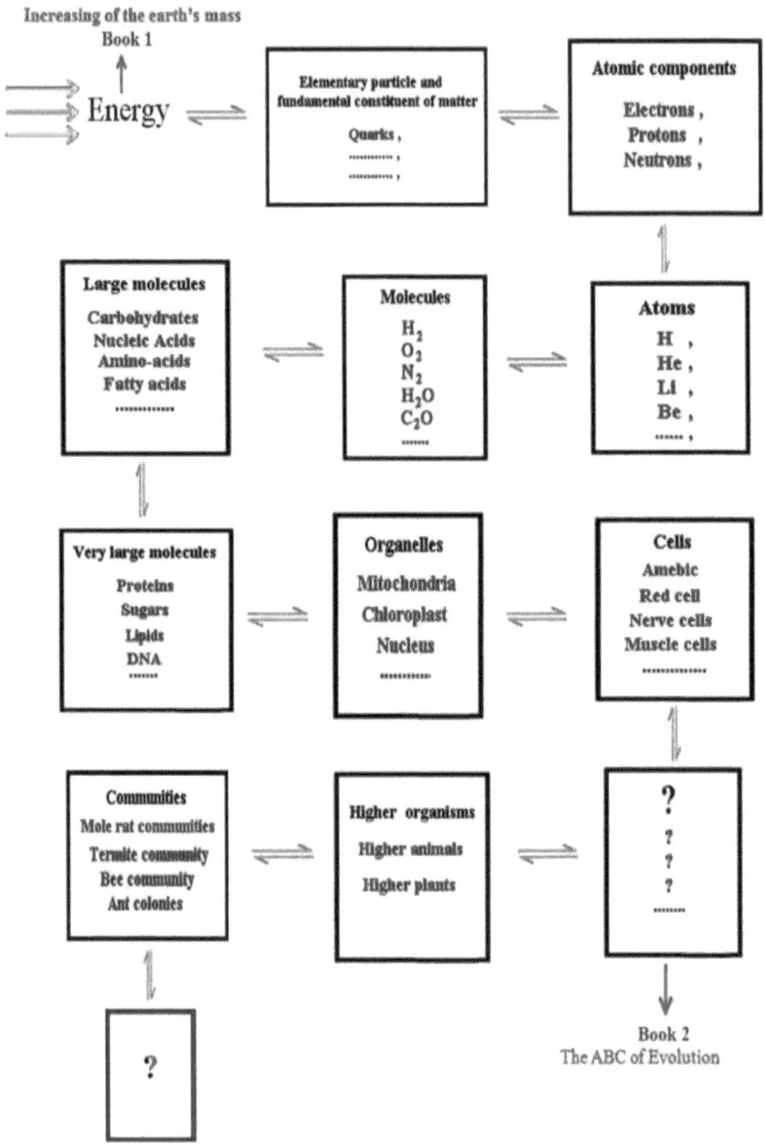

Estar de acordo com a Terra em expansão implica estar de acordo com uma massa crescente da Terra. Ou seja, a geração de elementos a partir de partículas elementares e de energia que chegam à Terra vindas do seu espaço exterior.

Escrevi uma regra chamada regra de classificação para a evolução da massa na Terra, que pode ser encontrada representada no diagrama seguinte. De acordo com esta regra, a geração de substância na Terra, a partir de partículas elementares e energia, é facilmente aceitável. É como aceitar facilmente que uma molécula de água surge por síntese de hidrogénio e oxigénio. Aceitando a regra, podemos aceitar que a substância está a ser gerada na Terra, causando o aumento da gravidade e a expansão da Terra. O local de geração de matéria na Terra é a sua parte central, o que provoca um fluxo de magma em direção à superfície da Terra. Em tempos diferentes - dependendo das condições do interior da Terra - surgem diferentes elementos (ferro, cobre, etc.)

A regra de classificação para a evolução da massa na Terra. Esta figura mostra a evolução da massa, etapa por etapa, desde a mais pequena partícula até às comunidades animais. Cada passo (etapa) surge através da montagem de partes do passo anterior. O tempo de ocorrência de cada etapa é posterior à etapa anterior. Por exemplo, as proteínas só podem surgir se os aminoácidos já existirem antes. Existem duas etapas desconhecidas no diagrama - indicadas por pontos de interrogação. Uma delas é a última etapa que ainda não foi criada e que ocorrerá no futuro. Mas uma dessas etapas desconhecidas situa-se entre as células e os animais/plantas superiores. Esta é a etapa de que me apercebi pela primeira vez e sobre a qual os cientistas não têm qualquer informação.

Através desta regra e deste diagrama, pude descobrir uma dessas cadeias perdidas do percurso de evolução da substância na Terra: a cadeia que se situa entre a célula e os animais/plantas superiores. Trata-se de uma cadeia em que ninguém pensou antes e de cuja existência nunca se suspeitou.

Increase of the earth's mass

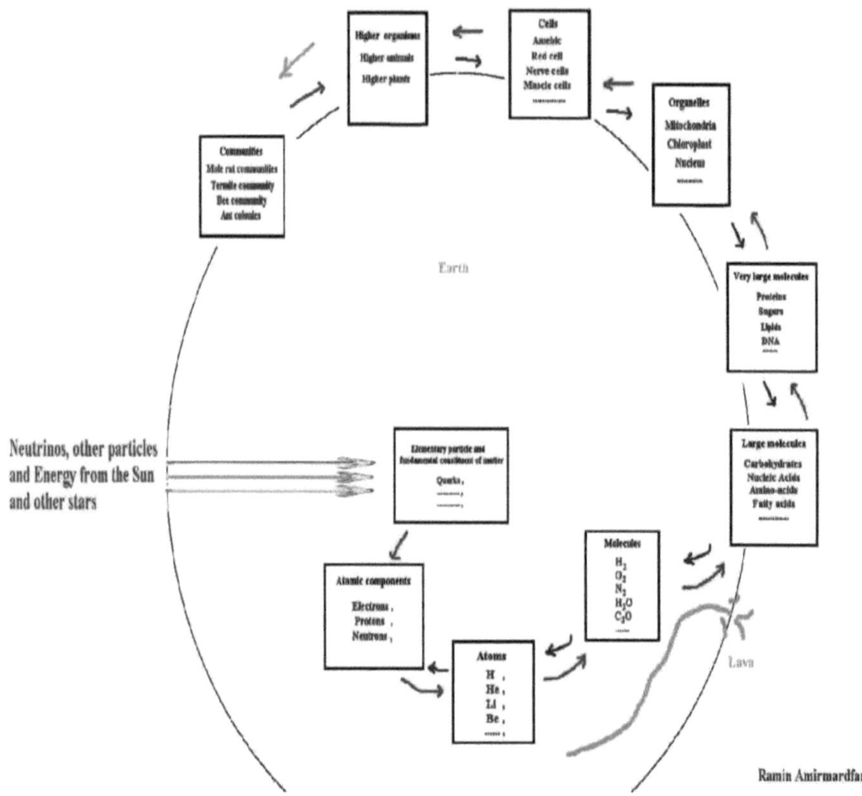

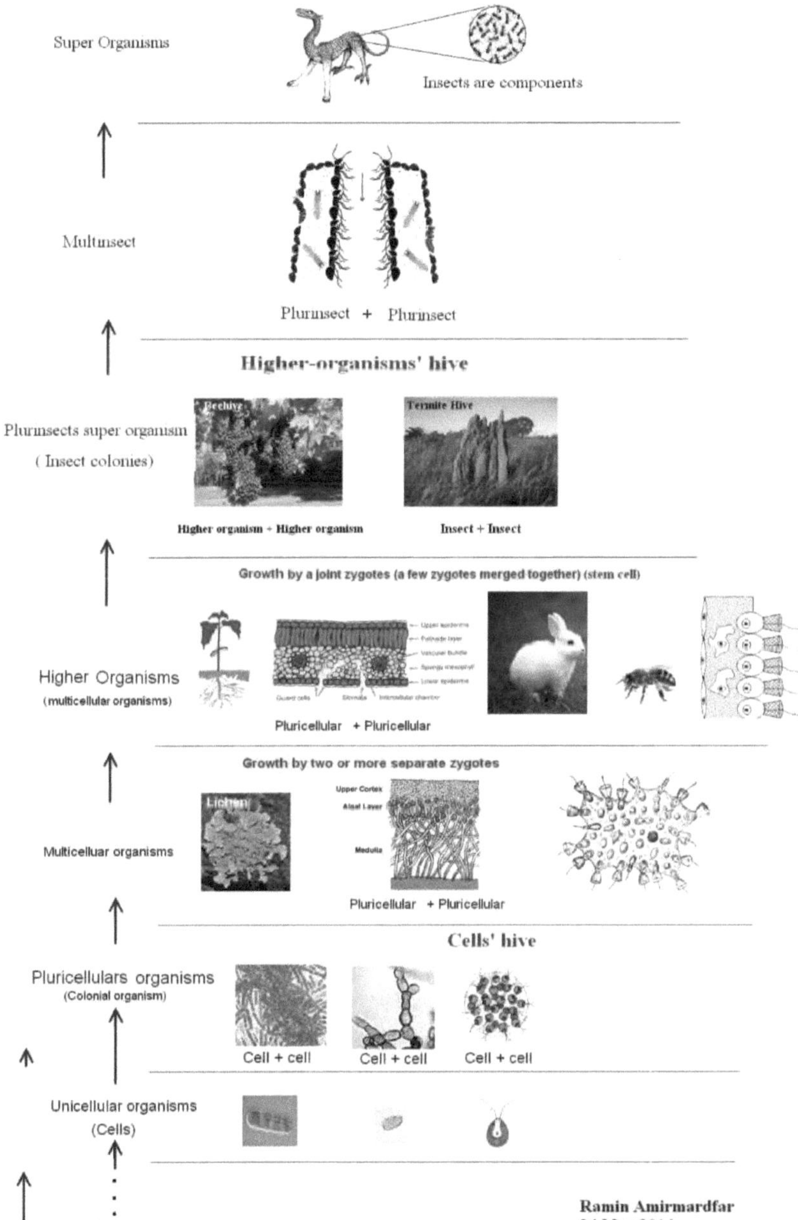

Ramin Amirmardfar
24 May 2014
Editing: 11 desember 2014

Líquenes

A discussão sobre a regra de classificação produziu o seguinte resultado: os animais e as plantas desenvolvidos são constituídos por animais pluricelulares simples, ou seja, os animais e as plantas desenvolvidos precisam de um animal pluricelular simples para se juntarem numa classe e criarem um animal pluricelular desenvolvido. É possível uma espécie de coexistência entre os animais iniciais, ou seja, eles vivem um ao lado do outro para se beneficiarem mutuamente e sobem um degrau da regra de classificação do mundo, com isso passam a existir vida, e fazem com que se organize um estágio mais complexo, chamado de animal desenvolvido, sem que eles próprios tenham informação.

A primeira amostra de simbiose entre animais isolados são os líquenes. Atualmente, os cientistas provaram que os líquenes são criaturas que surgem através da reunião e simbiose de dois ou mais animais isolados. Os ingredientes deste grupo são as algas e os fungos. Os líquenes têm diferentes espécies. O tipo e o número de algas e fungos simbiontes num grupo especifica a espécie do líquen. Tal como acontece com as moléculas. Por exemplo, dois átomos de hidrogénio e um átomo de oxigénio formam uma molécula de água. Uma alga "A" com um fungo "B" juntam-se numa classe e produzem um líquen chamado "AB". As algas "D" com um fungo "P" num grupo, produzem o líquen "DP". Mesmo em alguns líquenes participam mais do que uma alga e um fungo.

Por exemplo, uma alga "D" com dois tipos de fungos "P"&"B" (produz o líquen "DBP"). Assim, vemos que a produção de uma nova espécie de líquen é muito fácil e não precisa de evolução e de passar milhões de anos. Basta que uma alga e um fungo se estabeleçam juntos e satisfaçam as necessidades um do outro até que um novo líquen seja produzido. É claro que não se deve esquecer que as alterações ambientais são muito importantes para o efeito. "Um fungo ou uma alga não está inclinado a ter um parceiro ao seu lado, mas as oportunidades ambientais e a escassez de vida provocam esta simbiose. Por exemplo, desde que uma alga possa obter água e minerais, não vive perto de outra criatura, mas em condições de escassez de água, é obrigada a tornar-se simbiótica com um fungo. Neste momento, estas duas criaturas isoladas juntam-se num grupo e satisfazem as necessidades uma da outra, neste momento sobem um degrau da escada do princípio da classificação e produzem um novo grupo complicado que é o próprio líquen. Não podemos dizer que o líquen não é uma criatura independente, mas são duas criaturas que vivem juntas. O H2O não é uma molécula independente, mas é constituído por dois átomos que vivem juntos. Todos nós aceitamos que se trata de uma molécula de água com as suas especificações, por isso devemos aceitar que se trata de uma espécie de líquen, e não de algas e fungos que vivem lado a lado. É interessante que, durante algum tempo, os cientistas não aceitavam que os líquenes fossem produzidos pela simbiose de duas ou mais criaturas individuais e defendiam que os líquenes faziam parte das plantas.

Por conseguinte, temos uma criatura celular completa que é produzida por ingredientes simples. E o resultado é este: os ingredientes mais simples são classificados de acordo com as suas necessidades.

É este o princípio que se aplica às escadas anteriores? Por exemplo, os electrões, os neutrões e os protões formam um átomo. Será que satisfazem as necessidades uns dos outros? São uma simbiose? Sabemos que um neutrão não vive livremente fora de um átomo, decompondo-se rapidamente e desaparecendo. Mas, no interior de um átomo, pode viver milhões de anos. Vemos, portanto, que um neutrão explora a simbiose com os electrões e o protão, para além de formar um átomo, impedindo o seu desaparecimento. Quando dois átomos ou mais se acumulam e formam uma molécula, os átomos preenchem as orbitais vazias e são mais permanentes do que o caso dos átomos livres. Um átomo não faz simbiose com qualquer átomo. Ele faz simbiose com o átomo desejado que pode preencher as camadas de capacidade. Vemos também que os ingredientes deste grupo beneficiam a acumulação, pelo que se pode chamar vida simbiótica.

Os órgãos celulares acumulam-se e produzem uma célula. Numa célula herbácea existe uma simbiose chamada cloroplasto. Este organelo obtém os materiais orgânicos necessários para si e para os outros organelos simbióticos através da fotossíntese. Em vez disso, obtém as necessidades de outros órgãos. Numa célula animal em que este organelo não é simbiótico, todos os organelos da célula são forçados a adquirir os materiais orgânicos necessários do meio ambiente que os rodeia. Qualquer célula que tenha mitocôndrias, esta organela faz o metabolismo e a produção de energia e, em vez disso, adquire os materiais necessários de outras organelas. A vida em simbiose é útil para a mitocôndria, a menos que esta prefira a vida livre. A participação com a mitocôndria é útil para os outros órgãos, porque ela respira facilmente e produz muita energia para eles, de modo que, se não fizerem simbiose com o órgão, terão de obter energia por fermentação. Do mesmo modo, os glóbulos vermelhos, que são o organelo da mitocôndria, não são seus membros e obtêm energia por fermentação.

Por conseguinte, o princípio da simbiose e do benefício mútuo dos ingredientes aplica-se a todas as etapas. Até agora, obtivemos três princípios importantes:

1) Princípio de classificação: Os ingredientes simples acumulam-se e produzem ingredientes complicados. Estes ingredientes complicados, por sua vez, acumulam-se e produzem outros mais complicados. Este processo ocorre passo a passo, de modo a produzir ingredientes muito complicados.

2) Princípios da independência dos ingredientes: Os ingredientes de qualquer grupo têm o poder independente nesta condição ou tiveram na condição passada.

3) Princípio da simbiose: Os ingredientes acumulam-se num grupo para satisfazerem as necessidades uns dos outros, para se beneficiarem mutuamente e para serem permanentes.

A planta é um líquen de alto nível

Como apareceram as primeiras células estaminais vegetais na Terra?

O aparecimento de células estaminais vegetais também começou no início de uma vida simbiótica que liga diferentes células independentes.

Porque é que os "Fungos mais Algas" são tão semelhantes às plantas?

No início, os botânicos pensavam que os líquenes eram espécies de plantas. Mais tarde, descobriram que os líquenes são constituídos por uma simbiose de fungos e algas e que não são espécies vegetais. Agora os botânicos acreditam que as plantas são um organismo unificado e independente. Mas eu apercebi-me que todas as plantas foram formadas pela justaposição de fungos (oomicetas) e algas, como os líquenes.

A diferença entre plantas e líquenes é a seguinte:

No caso dos líquenes, os óvulos são separados e cada um deles cresce individualmente e produz algas e fungos separadamente. Depois, as algas e os fungos tornam-se simbióticos e, assim, forma-se o líquen. Mas nas plantas, os ovócitos fundiram-se. Os óvulos das algas e dos fungos fundiram-se e, assim, formou-se o zigoto da planta. Quando a semente da planta está a crescer, na verdade são "fungos e algas" que estão a crescer e a construir o corpo de uma planta. Qualquer tecido da planta é um membro do conjunto de coexistência. O membro da simbiose das algas constrói o tecido parenquimatoso no corpo de uma planta. Um membro da simbiose dos fungos forma um tecido vascular no corpo de uma planta. O genoma de uma célula vegetal é constituído pelo genoma do composto do fungo e da alga. Os seus ADNs estão separados um do outro. Encontram-se lado a lado no interior do núcleo. Cada célula vegetal contém simultaneamente genes de fungos e de algas. Podem ser vários tipos de fungos e algas. A célula estaminal divide-se e produz um certo número de células no meristema. Numa das células, os genes das algas podem ser activados e, neste caso, a célula transforma-se numa célula de alga (células parenquimatosas com clorofila). Ou então, é possível que sejam activados genes de fungos. Neste caso, a célula transforma-se numa célula vascular. Os botânicos chamam a este processo "diferenciação celular", mas não sabem explicar porquê.

Os parceiros simbióticos (micobionte e fotobionte) podem ser novamente separados um do outro. Isto pode acontecer nas plantas. Na natureza, vemos que isso aconteceu. As plantas com flores parasitas, como a Cuscuta, são parceiros micobiontes de plantas que perderam o seu próprio parceiro fotobionte. Comparar o tipo de alimentação de uma planta parasita e de um fungo parasita. A sua alimentação é bastante semelhante. Comparar a formação de haustórios em ambas. A sua construção é bastante semelhante. Cientistas de plantas, como explicar esta semelhança? Eles estão convencidos de que as plantas surgiram por evolução das algas verdes. Como surgiram as plantas com flores parasitas?

Os botânicos chamam-lhe: pela evolução regressiva das plantas com flor.

A minha resposta: Os parceiros micobiontes perderam os parceiros fotobiontes.

Podemos separar os parceiros da planta (micobionte e fotobionte) um do outro artificialmente no laboratório. Podemos reforçar o crescimento do fotobionte ou reforçar o crescimento do micobionte. Podemos fazê-lo alterando os factores ambientais, tais como alterações na intensidade da luz, alterações na quantidade de dióxido de carbono e oxigénio, alterações no teor de humidade, etc. Num ambiente escuro, o crescimento do fotobionte da planta será interrompido. O trabalho pode ser efectuado por materiais químicos. Um material químico como (herbicida 2-4-D) pode destruir o fotobionte da planta (algas). Neste caso, o micobionte da planta (fungos) cresce sozinho durante algum tempo. Quando estes herbicidas são pulverizados nas folhas de algodão, o tecido do parênquima da folha (fotobionte) é destruído e só cresce a nervura (micobionte).

Há muitas outras evidências para esta teoria.

The plant is a high-level lichen

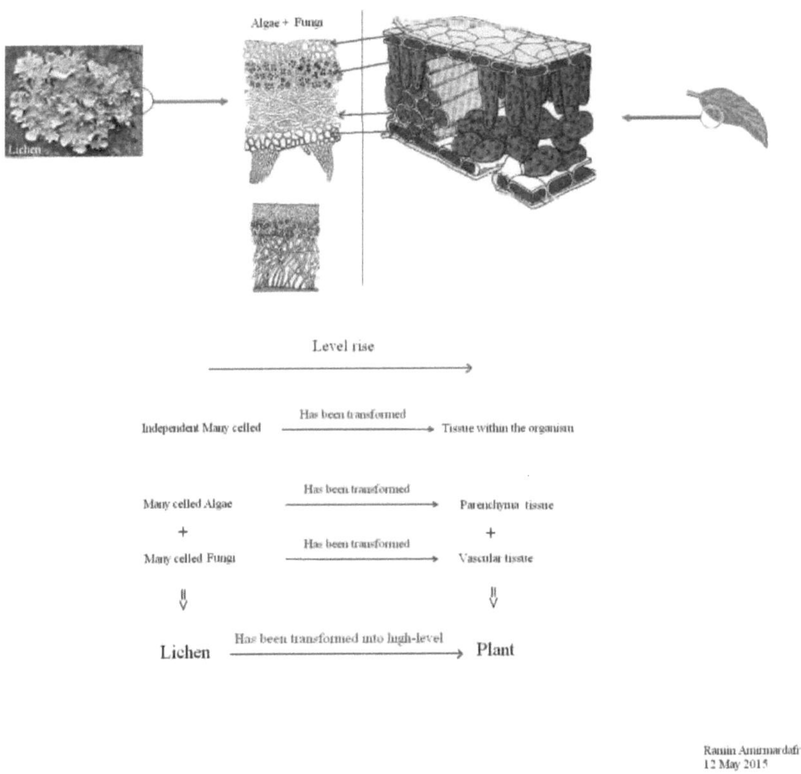

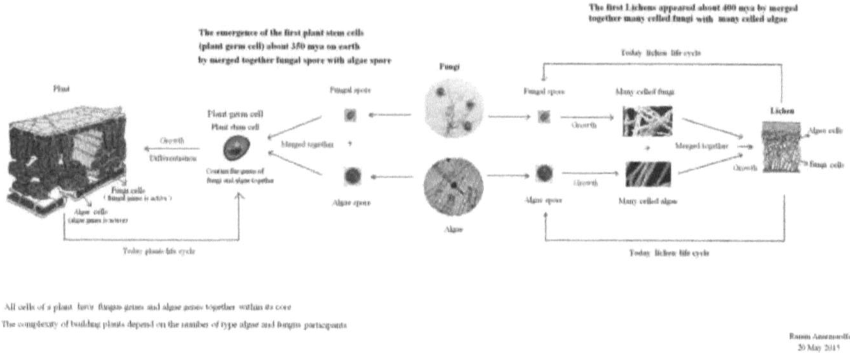

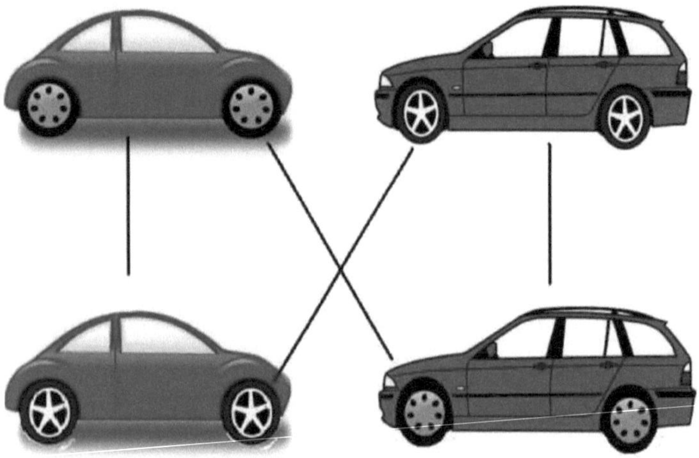

What is the name of this process?

Why is this process possible?

As plantas angiospérmicas parasitas

As plantas angiospérmicas parasitas são aquelas que querem ajudar outras plantas excelentes a produzir alguns dos materiais necessários para si próprias. A sarça, a cuscuta e a massinha são exemplos destas plantas. A sarça e a cuscuta não têm os materiais necessários para a fotossíntese e não conseguem sintetizar os materiais orgânicos necessários para si próprias. Por isso, estas plantas obtêm os materiais orgânicos necessários de outras plantas excelentes. A Masslinn, tem os materiais necessários para a fotossíntese mas não tem os materiais necessários para absorver água e materiais minerais do solo, por isso cresce noutras árvores e adquire água e materiais minerais delas.

De acordo com a classificação baixa, os elementos simples (componentes) são agregados numa classe e os componentes complexos são feitos de outra forma, os componentes complexos e combinados são feitos de componentes simples que se encontram ao lado deles próprios. Como as plantas são membros deste mundo, a classificação baixa também é verdadeira em relação a elas. Isso significa que as plantas também têm de ser formadas a partir de componentes simples que se encontram em conjunto. Mas que componentes são esses? Antes compreendíamos que a célula é mais pequena do que os componentes de formação das plantas excelentes e compreendíamos que os componentes estruturais dos seres excelentes são os seus tecidos e sistemas corporais. Mas, de acordo com a lei da "independência dos ingredientes", estes componentes devem manter a sua independência e podem ser capazes de viver sozinhos em condições adequadas. A Cuscuta (planta parasita), não tem folha para fazer fotossíntese, nem raiz para adquirir água e material mineral do solo, mas tem vasos para transferir material e órgãos reprodutores para a produção de sementes. Se soubermos que as plantas são constituídas por componentes simples, a descrição desta matéria é muito simples. De acordo com a classificação baixa, as plantas são constituídas por componentes simples como o sistema reprodutor (flor), o sistema de transmissão de material (vasos), o sistema de fotossíntese (folha), a absorção de água e de matérias minerais do solo (raiz). De acordo com a lei da independência dos ingredientes, estes ingredientes podem viver de forma independente em condições adequadas sem necessidade de outros componentes. Não há folha e raiz na cuscuta, mas há flor e vasos, ou seja, a cuscuta só se forma por estar do lado de dois componentes simples e os componentes de formação da folha e da raiz não participam nela. Assim, a cuscuta não tem folha e raiz e só tem vasos e flor. Os componentes de formação do "visco (uma planta parasita)" incluem três componentes simples: folha, vaso e flor. O componente raiz não participa desta planta. Por isso, **o visco** não pode adquirir água e minerais do solo. Isto é exatamente semelhante ao que observámos em relação aos líquenes e às moléculas complexas. Mas há uma questão que se coloca aqui: O átomo de hidrogénio e o átomo de oxigénio estão identificados para nós e estão presentes na natureza antes de formarem a molécula de água. Quando dizemos que uma alga e um fungo se juntam e formam um líquen, a alga e o fungo já existiam na natureza e depois, de acordo com as condições ambientais, tiveram de viver em simbiose. O mesmo se passa com os componentes de formação das plantas? Será que o aparelho de vasos que designámos como componente simples e formador da planta, já existia antes na natureza de forma independente? Quando analisamos uma molécula de água, obtemos dois componentes. Para reconhecimento destes componentes, procuramos análogos dos componentes, entre os elementos, e observamos que um destes é semelhante ao Hidrogénio e outro é semelhante ao Oxigénio. Assim, dizemos que uma molécula de água é formada por um átomo de Hidrogénio e um átomo de Oxigénio. Quando analisamos um líquen em componentes mais simples, procuramos os componentes correspondentes na classe inferior, ou seja, entre os monocelulares ou policelulares simples. Quando encontramos os seus correspondentes, dizemos que um líquen é formado por um fungo e uma alga. Portanto, quando falamos dos componentes de uma excelente planta, devemos procurar os seus componentes formadores correspondentes numa classe inferior. Observamos que o sistema de vasos das plantas pode ser considerado como um componente simples. Portanto, devemos buscar o correspondente dele numa classe inferior e dizer que, este componente já existia na natureza antes, então juntamos com os existentes coordenados numa classe e formamos uma planta excelente. Aí, comparamos a estrutura do sistema de vasos com a dos seres multicelulares simples até encontrarmos o mesmo. Os vasos são feitos de fibras longas e estreitas que se formam ao lado de uma célula longa e estreita. Será que observamos nos seres multicelulares simples algo semelhante?

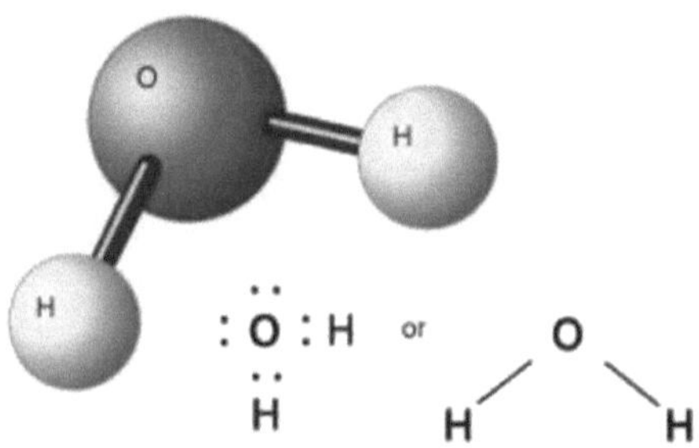

Os fungos são multicelulares simples, são frequentemente formados por fibras estreitas como o micélio. Estas fibras são constituídas por células longas e estreitas que se encontram na parte de trás de outras. Podemos conhecê-las como um sistema de vasos? Se colocarmos o micélio de um fungo paralelo ao outro, é quase semelhante ao que observamos nos sistemas de vasos das plantas. Quase isto é o mesmo que o procuramos e podemos dizer que um componente forma sistemas de vasos da planta é o mesmo de fungos policelulares simples que são existentes na natureza livremente. Assim, estes fungos colocam-se numa classe com outros existentes e tornam o próximo existente mais complexo como excelentes plantas. É claro que este assunto precisa de muitas provas, mas agora estamos a tentar encontrar outros componentes de formação semelhantes aos das plantas. O órgão fotossintetizante é um dos componentes formadores da planta. Haverá algo de semelhante entre os seres policelulares simples? Este órgão é formado por células do parênquima que incluem grãos de cloroplastos e realizam a função de fotossíntese. Entre os seres policelulares primários, existem diversas algas verdes que são quase semelhantes a este órgão das plantas. Os musgos são seres policelulares simples que possuem tecido de parênquima e efectuam fotossíntese. Portanto, as algas policelulares ou musgos podem ser considerados como um tecido semelhante ao tecido fotossintetizante das plantas excelentes. E pode dizer-se que o musgo já existia na natureza de forma autónoma. Mas depois foi colocado numa classe com um fungo policelular para remover as necessidades próprias e viver em simbiose. Nesta vida de simbiose, o musgo fazia fotossíntese e o fungo efectuava a transmissão de material e esta simbiose entre o fungo e o musgo fez com que ascendesse a uma classe superior e formasse uma classe mais complexa como as plantas excelentes.

Prova

Entendemos que os fungos (oomicetos) são um dos componentes formadores das excelentes plantas, mas é necessário aceitar esta questão, temos as evidências. Supõe-se que a planta parasita da Cuscuta. Esta planta absorve os materiais necessários dos tecidos de outras plantas excelentes. Assim, insere o haustório no tecido herbáceo do hospedeiro e transfere os materiais necessários para os seus vasos através deste haustório. Alguns dos fungos parasitas herbáceos, também fazem exatamente este trabalho. Os fungos parasitas herbáceos inserem o haustório nas células dos tecidos do hospedeiro para adquirirem também os materiais necessários. Observa-se então que os vasos da cuscuta e dos fungos parasitas herbáceos utilizam o mesmo procedimento. A estrutura do haustório é semelhante em ambos. As enzimas que eles utilizam para perfurar o tecido e inserir o haustório na célula são semelhantes. A forma e o procedimento do haustório também são bastante semelhantes. Assim, é evidente que os vasos das plantas são semelhantes aos dos fungos policelulares. Por outro lado, os vasos da planta são anteriormente um fungo policelular livre. Depois, são colocados numa classe com outros seres policelulares simples e formam uma classe complexa como plantas excelentes por vida em simbiose].

A maior parte das hormonas das plantas são semelhantes às que existem nos fungos parasitas herbáceos. A hormona das giberelinas é obtida pela primeira vez a partir de um fungo parasita do arroz. Este fungo causou o alongamento do caule do arroz entre dois nós do caule através da secreção desta hormona no tecido da planta hospedeira. Este trabalho causou o colapso dos caules do arroz e danificou-os. Após um estudo sobre esta hormona, verificou-se que a mesma é segregada nos vasos da planta. Esta controla a taxa de crescimento e o tamanho das células. O nome desta hormona "giberelinas" é emprestado do fungo parasita da mesma raça. Depois observámos que os fungos parasitas herbáceos, que são simples seres policelulares, têm muitos vasos semelhantes aos das plantas excelentes. A outra caraterística dos fungos parasitas herbáceos é que podem crescer no corpo da planta semelhantes a vasos e são ramificados em diferentes partes do corpo da planta. A "mancha solta do trigo" é um bom exemplo disso. Uma pequena fibra de micélio de fungo parasita está escondida na semente de trigo. Quando a semente de trigo é plantada e começa a brotar, o micélio do fungo parasita também começa a crescer e cresce contemporaneamente com o crescimento do caule do trigo e ascende. Quando o trigo floresce, o órgão reprodutor do fungo é inserido na semente e aí começa a produzir esporos. No "Bunt smut of wheat", em vez de sementes de trigo, também são produzidos esporos do fungo. O "Polyporus sulphureus" (um fungo parasita de árvores) cresce debaixo da casca e vai para os ramos das mesmas. Os órgãos reprodutores deste fungo saem de debaixo da casca e formam as cápsulas dos fungos e depois começam a espalhar os esporos. Os vasos das plantas também crescem em plantas semelhantes a estes fungos e chegam às folhas e ramos. Na época da reprodução saem do cimo dos ramos ou de outros locais da planta e produzem os órgãos reprodutores. Um exemplo óbvio deste facto é observado nos fetos. Os vasos (nervuras) crescem na folha do feto e no ramo. Por fim, na altura da reprodução, forma-se um órgão lacustre em forma de maça na extremidade do vaso e a camada epidérmica da folha é clivada por este inchaço em forma de maça (Sporangium) e o órgão esporogénico sai, e depois os esporos saem deste órgão em forma de maça. Exatamente, esta função é observada na "Ferrugem do trigo" que é um fungo parasita das folhas. Os micélios deste fungo crescem na folha e o seu órgão reprodutor rasga a epiderme da folha na altura da reprodução e liberta os esporos.

Estas evidências podem ser interpretadas da seguinte forma:

As algas, que são seres primários policelulares e capazes de fazer fotossíntese, viviam livremente na natureza. Mas não conseguiam desenvolver o seu corpo em terra por não possuírem sistema de transmissão de material. Então um fungo parasita (oomiceto) atacou esta alga e inseriu-se no seu corpo. Aí obtém muitos materiais orgânicos para si. Este fungo não mata as algas porque a fonte de materiais orgânicos é libertada pela morte das algas. O fungo permanece na alga como um parasita e ajuda-a na transmissão de água e materiais minerais até que a alga produza muitos materiais orgânicos para ele. Além disso, o fungo segrega nas algas hormonas que provocam a rápida proliferação das células das algas. Nesta altura, as algas têm um sistema de transmissão de água e materiais e podem crescer e manter-se e enviar para os membros superiores a água do solo e os materiais minerais. Assim, as algas não se sentem incomodadas com a existência deste fungo parasita no seu corpo e suportam a sua existência, pelo contrário, o fungo parasita utiliza as algas como formador de materiais orgânicos e cresce no tecido parenquimatoso das algas (isto é, os vasos e as costelas) e, na época da reprodução, faz sair os órgãos reprodutores do tecido parenquimatoso das algas e envia os esporos ou sementes.

Consideremos um pólen de milho que se coloca no estigma de outro milho. Este pólen começa a crescer e move-se no estilo. O comprimento do estilo do milho chega por vezes a 20 cm. Este pólen tem de crescer neste longo estilo até chegar ao óvulo. Certamente, durante este crescimento, alimenta-se da planta hospedeira, porque nem todos os materiais são guardados no pólen. Assim, o pólen produziu uma fibra estreita, o mesmo micélio do fungo parasita, alimentando-se parasitariamente da planta hospedeira até chegar ao óvulo.

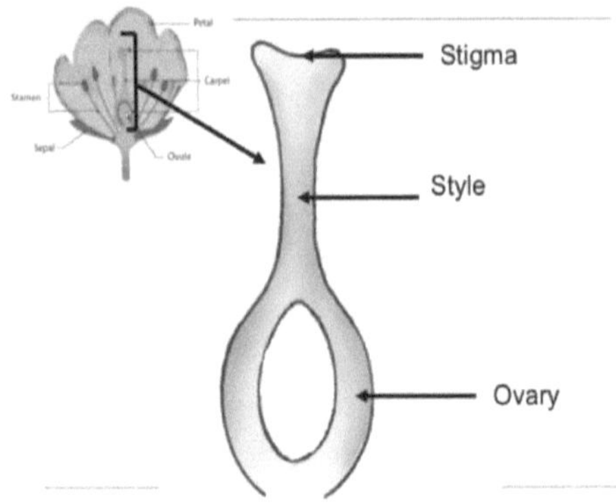

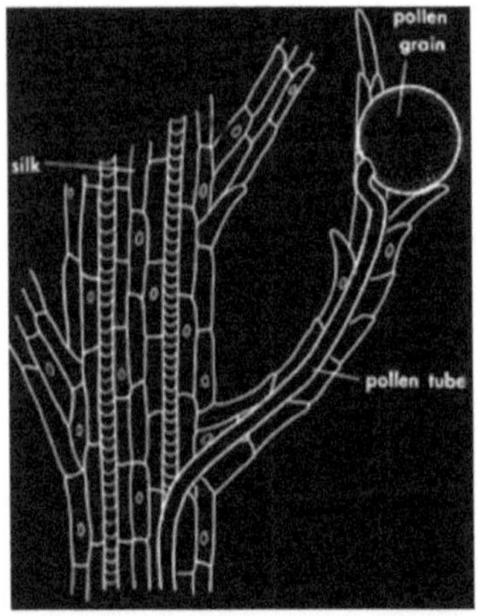

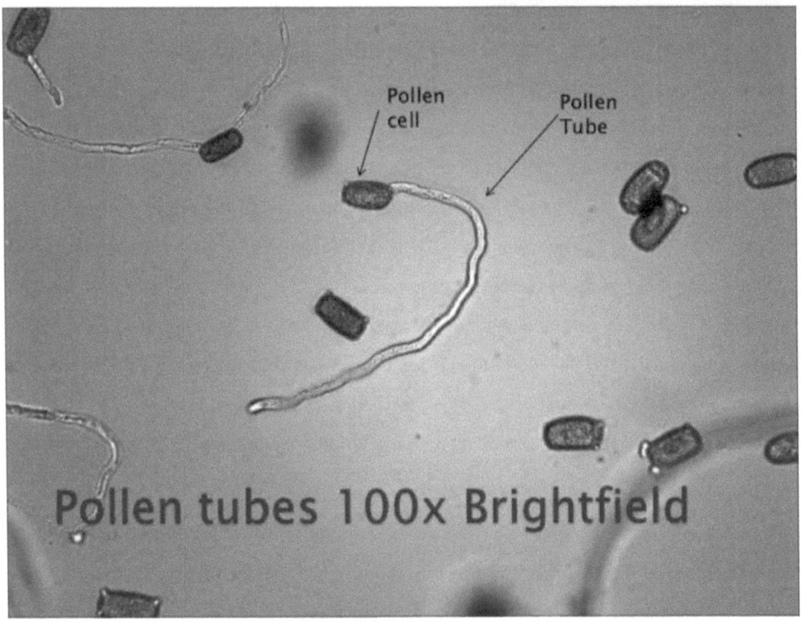

Depois, veja-se que o pólen actua exatamente como os fungos parasitas das herbáceas.

Assim, sabemos que as plantas são formadas a partir de fungos parasitas **(Oomycetes) (desprovidos de quitina)** que atacam as algas e iniciam a vida em simbiose. Aqui, o tipo e o número de componentes formadores do mesmo determinam a espécie da planta como observámos nos líquenes. Por exemplo, um fungo parasita do tipo "A" faz simbiose com uma alga "B" e dá origem a uma planta "AB". Ou o fungo do tipo "C" faz simbiose com a alga "D" e dá origem à planta "DC", e ou o fungo do tipo "A" e o fungo do tipo "C" fazem duas vezes simbiose com a alga do tipo "D" e dão origem à planta "ACD". Sabemos que os micélios dos fungos são diferentes do ponto de vista da sexualidade masculina e feminina. São utilizadas palavras positivas e negativas sobre os fungos. Esta fibra do micélio é positiva ou negativa e as duas fibras heterossexuais do fungo acoplam-se na relação sexual e na troca genética. Nas plantas excelentes, observamos plantas dióicas (por exemplo, a palmeira) e plantas monóicas (por exemplo, a macieira). Na estrutura da planta monóica, participam o fungo parasita positivo e o fungo parasita negativo e ambos vivem juntos no corpo das algas. Finalmente, o órgão reprodutor masculino e o órgão reprodutor feminino são masculinos na altura da produção da flor. Mas, nas plantas dióicas, o fungo parasita positivo vive com uma alga e o fungo parasita negativo vive com outra alga. Por isso, a planta macho é separada da planta fêmea, por exemplo, a palmeira. Dois fungos positivos e negativos podem estar numa só planta, mas saem de locais diferentes do corpo das algas, por exemplo, a nogueira, cujas flores masculinas e femininas são separadas, mas estão numa só árvore. Se dois fungos saírem de um mesmo local, produz-se uma flor monóica (hermafrodita), por exemplo, o feijão, a violeta e a macieira, etc.

Assim, de um modo geral, sabemos que um ou alguns fungos policelulares simples podem juntar-se a uma ou algumas algas numa classe e formar a classe seguinte mais complexa. Nesta classificação, a "lei da classificação dos componentes simples", a "lei da simbiose dos componentes" e a "lei da independência dos componentes" são todas consideradas, pelo que podemos considerar esta classificação como uma classificação legal no mundo.

Mais provas

"Os fungos são seres cujas células têm um núcleo real e a substância clorofila não é visível na sua estrutura", tal como o sistema vascular da planta excelente.

"Se os minerais estiverem disponíveis para os fungos, estes podem fornecê-los diretamente a partir das substâncias mencionadas", como a raiz da planta.

O ponto importante a saber é que as raízes são fungos que vivem no solo e coexistem com fungos parasitas e musgos, pelo que produzem a excelente planta com raízes. A Cuscuta, a Masslinn e a Broomrege não têm raiz porque os fungos que vivem no solo não participaram no seu grupo. As plantas Lycopsida (garra de lobo) não têm raiz verdadeira, porque o seu grupo não tem fungos que vivem no solo e coexistem. Mas numa excelente planta com raízes, há fungos parasitas e musgos (Bryophyta), bem como fungos que vivem no solo. Aqui, o fungo que vive no solo absorve água e minerais do solo, o fungo parasita transmite-os às folhas e o musgo fornece materiais orgânicos. Em condições adequadas, estes três vivem juntos, mas quando as condições mudam, este tipo de vida transforma-se em vida de competição. Por exemplo, quando fertilizamos as plantas com fertilizantes nitrogenados,

o crescimento dos ramos aumenta. Assim, fornecemos o fungo parasita e ele cresce mais. Quando fertilizamos as plantas com adubo de Ferro, fornecemos às plantas de musgo os minerais necessários, por isso o número de folhas aumenta e é produzida mais clorofila.

No outono, quando arrefece, a atividade da planta de musgo diminui e ela desmaia. Neste caso, o fungo vivo tira mais partido desta condição e absorve todos os materiais alimentares, guardando-os e utilizando-os durante o inverno. A planta do musgo é uma planta adormecida nos ramos e espera pelo calor. Quando faz calor na primavera, começa a crescer novamente e produz tecido parenquimatoso. Nessa altura, o fungo parasita encontra uma condição adequada para crescer e penetra no tecido do parênquima. O fungo parasita obtém os materiais orgânicos do musgo e utiliza uma parte deles e dá outra parte à raiz (fungo que vive no solo), obrigando-o a absorver água e minerais do solo. De um modo geral, a vida de uma planta é uma espécie de competição entre ingredientes ou de coexistência entre esses ingredientes.

Quando uma planta excelente é colocada numa região seca, utiliza outro fungo que vive no solo, chamado Micorriza. A planta excelente junta-se a estes fungos e faz deles um dos ingredientes de construção. Estes novos fungos absorvem mais água e transmitem-na aos outros membros do grupo (Musgo + Fungo Parasita + Fungo que vive no solo), mas dão uma pequena quantidade de materiais orgânicos aos fungos. Assim, eles têm uma vida coexistente. Ou seja, um simples ingrediente é adicionado ao grupo. Aqui, a alteração das condições é o único fator que os obriga a aceitar um novo parceiro. Numa região seca, quando adicionamos fungos micorrizas ao solo, as plantas crescem melhor, o que é o mesmo que adicionarmos um novo átomo a uma molécula para aumentar os membros do grupo.

Por vezes, as doenças das plantas podem ajudar-nos a descobrir componentes da planta excelente. Quando um agente patogénico ataca a planta, só é capaz de destruir um componente da planta. Ou seja, o agente patogénico não pode atacar tanto o fungo que vive no solo (raiz) e o musgo (tecido do parênquima) como o fungo parasita (sistema de vasos). O patogéneo só ataca o tecido desejado e só é capaz de viver dentro do tecido e multiplicar-se. Ao atacar o patogénio num dos ingredientes da planta, esse ingrediente desmaia, pelo que os outros ingredientes na fase de competição tiram mais vantagens da fraqueza do seu parceiro e crescem mais. Por exemplo, o vírus "Fan leaf" ataca o tecido do parênquima da folha de vitis, e o musgo desmaia. Nesta altura, o fungo beneficia da fraqueza do musgo e cresce mais, e as folhas das nervuras crescem como um cordão fino. Ao utilizarmos herbicidas hormonais (exemplo: 2,4-D ou MCPA), fazemos este procedimento no algodoeiro. Esta hormona pode enfraquecer o musgo (tecido do parênquima), depois o fungo parasita cresce mais e alonga as nervuras. Através da utilização de diferentes agentes patogénicos e materiais hormonais, podemos observar a fraqueza de um componente e o crescimento de outro componente.

* "Em alguns tipos de fungos, o micélio consiste num cordão relativamente espesso chamado rizomorfo, cuja construção é espessa e dura e cuja parte final é idêntica às raízes das plantas. A resistência do rizomorfo a condições desfavoráveis e nocivas é elevada, pois dorme até atingir a estação do ano, mas depois de proporcionar condições adequadas, o rizomorfo começa a crescer e o seu comprimento aumenta." Esta é a mesma caraterística que temos nas excelentes plantas com raízes.

* "Os Hifa crescem em condições ideais e têm um crescimento ilimitado. De acordo com as considerações efectuadas, alguns dos fungos coloniais continuaram a viver durante mais de 400 anos, vários dos micélios vivem mais de mil anos." É o caso de excelentes plantas.

* "Durante uma estação, uma espécie de fungo tem várias reproduções assexuadas, de tal modo que as reproduções sexuadas só se reproduzem uma vez por ano." É exatamente o caso das plantas excelentes.

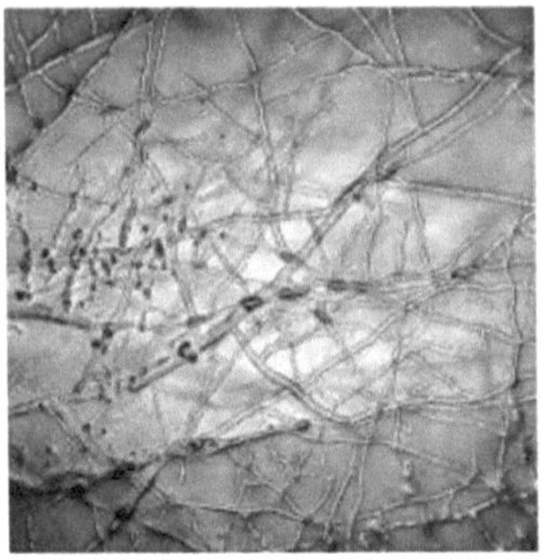

* "Ao dividir o micélio em diferentes pedaços, cada uma dessas partes pode crescer e criar um novo fungo. "Este procedimento é o mesmo que a propagação em plantas excelentes.

* "Circulação do núcleo celular: Os fungos, tal como outros seres vivos, têm um processo circular de crescimento do núcleo celular que está envolvido em duas fases como haploide e diploide e este ciclo é semelhante às fases de gametófito e esporófito em plantas excelentes."

*A parede divisória da célula do fungo é a celulose. Como exemplo de excelente célula vegetal.

O resultado é que esta semelhança entre fungos e plantas excelentes é que os fungos são a unidade mais pequena do constituinte das plantas excelentes. Os fungos em coexistência ou independentemente têm caraterísticas semelhantes e é por isso que as plantas excelentes têm as caraterísticas comuns.

Quimera

No princípio das componentes independentes, observamos que as componentes, estando num grupo, não mudam a sua natureza. Podemos obter os seus componentes estruturais analisando-os e utilizá-los noutros grupos. Por exemplo, quando dois átomos de hidrogénio e um átomo de oxigénio permanecem num grupo, formam uma molécula de água. Estes átomos dentro da molécula mantêm a sua natureza, e se analisarmos a molécula de água, podemos obter novamente átomos de Hidrogénio e Oxigénio e utilizá-los na construção de outras moléculas. Se o grupo das plantas excelentes se torna um grupo no mundo, o mesmo deve acontecer com elas. Se aceitarmos que as plantas excelentes são o resultado da permanência de fungos e algas parasitas num grupo, então devemos ser capazes de os dividir numa condição apropriada e usá-los na construção de outros grupos, ou seja, podemos dividir o fungo parasita de uma planta e transferi-lo para outra planta. Ou podemos trocar fungos dentro de uma planta.

É possível?

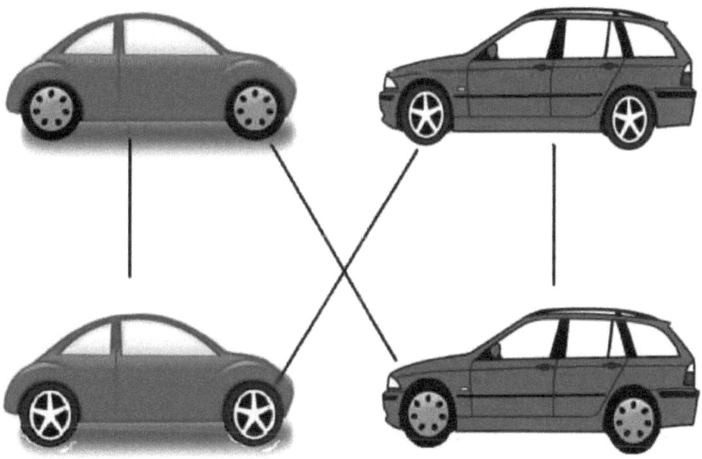

What is the name of this process?

Why is this process possible?

Quimera: O facto de se juntarem dois tecidos herbáceos com genótipos diferentes e provocar uma vida em simbiose chama-se quimera. Se o ramo do enxerto se partir, dessa zona surge um rebento, em que metade das suas células são células-mãe e as outras são células do enxerto, de modo que a célula-mãe cobre a célula-mãe. Observamos mais este caso nos citrinos. Enxertando limão em laranja, obtém-se uma planta cujos frutos são semelhantes ao limão superficialmente e o seu interior é semelhante ao da laranja, e ou vice-versa. Aqui dividimos o limão e a laranja em duas partes: interior e exterior.

De seguida, trocamos estes componentes, de modo a que a parte exterior da laranja componha a parte interior do limão. Assim, produzimos uma nova planta. A própria natureza utiliza este método para produzir novas espécies de plantas. As flores da alfafa são semelhantes às da alfarrobeira porque o componente que forma a flor em ambas é semelhante, e a natureza utiliza um componente semelhante em ambas. Enquanto que os outros componentes são diferentes, observamos que a alfafa não tem qualquer semelhança com a alfarrobeira. Para produzir uma nova espécie de planta, não precisamos de um milhão de anos de evolução, e é suficiente produzir um novo composto a partir de ingredientes simples. A natureza produziu tantas espécies diferentes com muita facilidade e não foi assim tão difícil. Basta que o ambiente

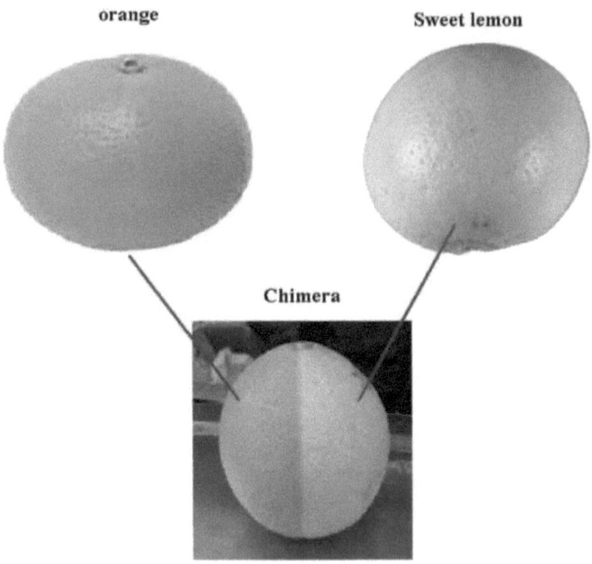

Ramin amirmardfar
2017 - 5 - 12

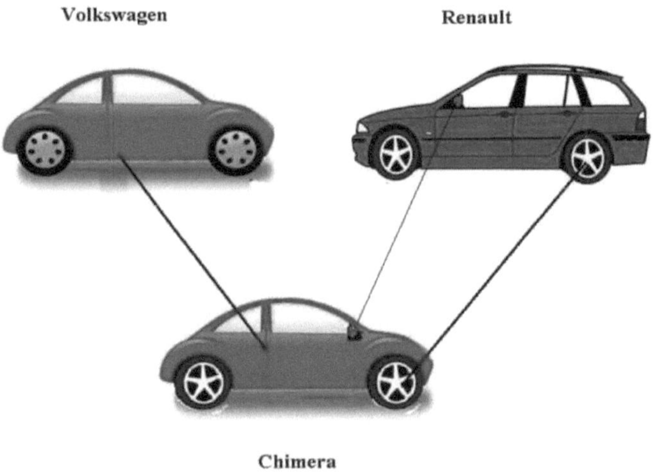

Ramin amirmardfar
2017 - 5 - 12

As condições mudam um pouco até que os componentes tenham de selecionar um novo parceiro para eles, pelo que é produzida uma nova planta com mais complexidades estruturais. Se as condições mudam, de modo que o parceiro não é necessário, o parceiro é removido do grupo e a complexidade do grupo é diminuída. A evolução regressiva não ocorre aqui e não há retrocesso evolutivo. Apenas a necessidade de uma única criatura é abolida e ela é removida.

Assim, observámos que as plantas de limão e laranja são construídas com componentes separados, de modo a podermos separá-los. Estes componentes do limão podem crescer de forma independente.

Cortamos uma cerejeira preta e enxertamos nela uma cerejeira. A planta produzida é uma planta cuja raiz pertence à cereja preta e os seus ramos e folhas à cereja. Ou seja, mudámos a raiz. Da mesma forma, a molécula de "HCl" é dividida e o átomo de "H" é retirado e, em vez disso, o átomo de "Na" é adicionado a ela, que se torna "NaCl". Assim, podemos produzir novas plantas através da troca de componentes.

A quimera é observada em quaisquer outras plantas. A maior parte das plantas bragadas são produzidas desta forma, tais como a Sansevieria, o buxo bragado, o riscado e assim por diante. Portanto, vemos que podemos dividir as plantas nos seus componentes, formá-los e usá-los na construção de novos grupos. Assim, o princípio da independência é o caso do grupo das plantas excelentes.

Separação de componentes Vs Evolução regressiva

Os átomos de hidrogénio podem ser separados das moléculas de água.

Porque é que os átomos são capazes de fazer isto? Porque as moléculas não são <·

Iiionolíticos e surgiram de poucos átomos juntos.

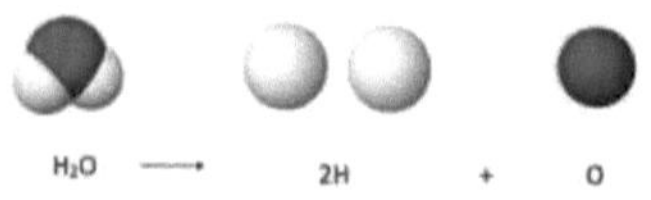

Os aminoácidos podem ser separados das proteínas. Porque é que os aminoácidos são capazes de fazer isto? Porque as proteínas não são InonoUtliicas e surgiram de poucos aminoácidos juntos.

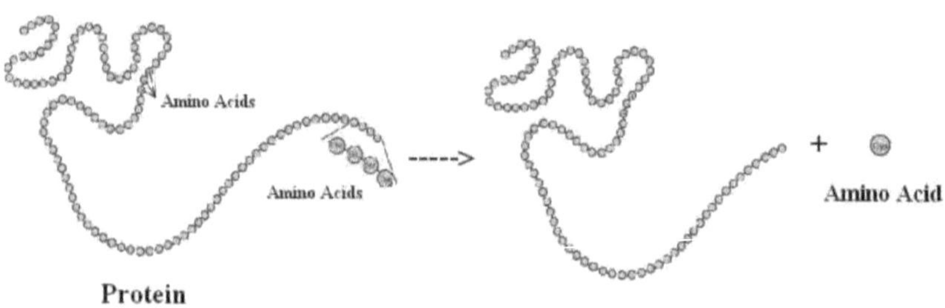

O núcleo pode ser separado dos glóbulos vermelhos. Os cloroplastos podem ser separados das Euglena (algas unicelulares). Porque é que os organelos podem ser separados das células? Porque as células não são monolíticas e surgiram de alguns organelos juntos.

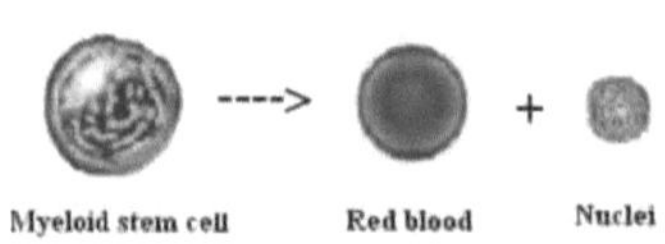

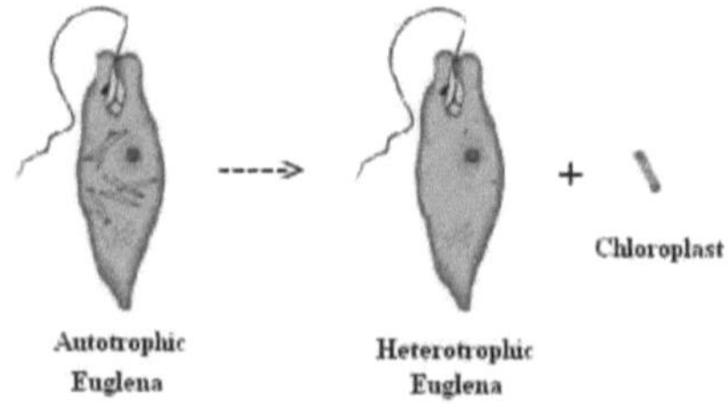

Uma célula pode ser separada de uma alga filamentosa. Porque é que as células são capazes de fazer isto? Porque os organismos multicelulares não são iionolíticos e surgiram a partir de poucas células juntas.

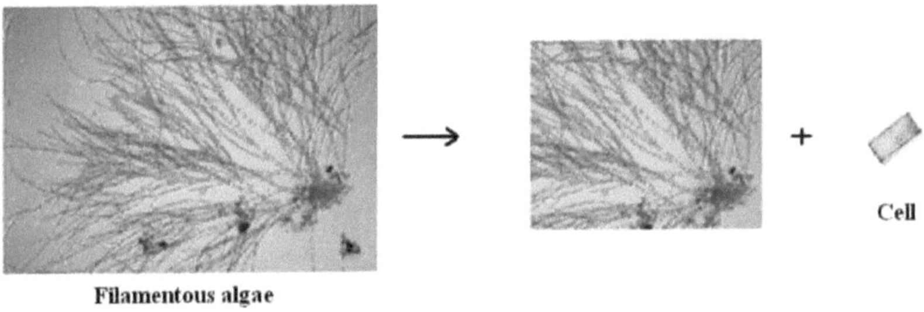

As partes do corpo das plantas superiores podem ser separadas do corpo da planta. Porque é que podem ser separados? Porque os corpos das plantas superiores não são monolíticos e surgiram a partir de alguns organismos multicelulares.

A Cuscuta é uma angiospérmica. A Cuscuta não tem raízes e partes que contêm clorofila. Porque estas partes se separaram do corpo da planta.

Orobanche , Mistletoe e Rafflesia são também angiospérmicas que perderam parte do seu corpo.

Orobanche

Mistletoe

Rafflesia

Os cientistas acreditam que a existência de tais plantas está associada à "evolução regressiva".

Eu explico: o corpo da planta, é feito de vários multicelulares juntos (Tipos de algas multicelulares e tipos de fungos multicelulares). Vários órgãos e tecidos das plantas, feitos por qualquer um dos multicelulares.

Tais plantas (Lenina, Orobanche, Mistletoe) surgem quando um ou mais Coinponentes (Inulticelulares) se separam do corpo da planta (de todo o conjunto), como se separa um aminoácido da proteína (série de aminoácidos).

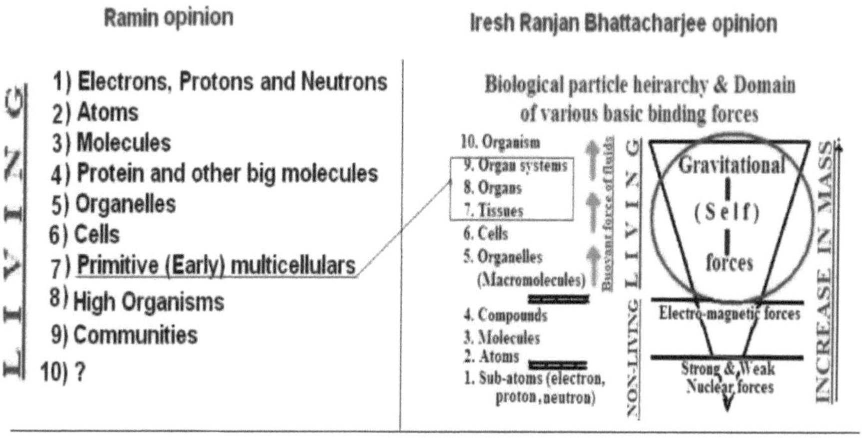
Ramin opinion
LIVING
1) Electrons, Protons and Neutrons
2) Atoms
3) Molecules
4) Protein and other big molecules
5) Organelles
6) Cells
7) Primitive (Early) multicellulars
8) High Organisms
9) Communities
10) ?
Iresh Ranjan Bhattacharjee opinion
Biological particle heirarchy & Domain of various basic binding forces
10. Organism
9. Organ systems
8. Organs
7. Tissues
6. Cells
5. Organelles (Macromolecules)
4. Compounds
3. Molecules
2. Atoms
1. Sub-atoms (electron, proton, neutron)
Buoyant force of fluids
LIVING
NON-LIVING
Gravitational
(Self)
forces
Electro-magnetic forces
Strong & Weak Nuclear forces
INCREASE IN MASS

Quais são essencialmente os tecidos?

A ciência da química começou a desenvolver-se, quando os cientistas começaram a conhecer os componentes da matéria (átomos e moléculas). A ciência da biologia começará a desenvolver-se, quando os cientistas começarem a conhecer os componentes dos animais/plantas.

A regra de classificação para a evolução da massa na Terra:

Átomos>Moléculas (ex. CO_2) >Moléculas orgânicas (ex. Aminoácidos) >Moléculas orgânicas de grandes dimensões (ex. Proteínas) >Organelos>Células> ? >Animais de grande porte/Plantas>Comunidades (ex. Colónia de abelhas) >... Em vez disso, qual é o ponto de interrogação?

Os cientistas respondem: Tecidos

São os lenços de papel em vez do ponto de interrogação?

Este diagrama mostra a evolução da massa, etapa por etapa, desde a mais pequena partícula até às comunidades animais. Cada etapa (fase) é criada através da reunião de partes da etapa anterior. O tempo de ocorrência de cada etapa é posterior à etapa anterior. Por exemplo, as proteínas só podem surgir se os aminoácidos já existirem antes. Há duas etapas desconhecidas no diagrama, indicadas por pontos de interrogação. Uma delas é a última etapa que ainda não foi criada e que ocorrerá no futuro. Mas uma destas etapas desconhecidas situa-se entre as células e os animais/plantas superiores. Esta é a etapa de que me apercebi pela primeira vez e sobre a qual os cientistas não têm qualquer informação. No meu trabalho, mencionei muitas provas da existência desta etapa.

Nesta via evolutiva, cada partícula está presente de forma independente na natureza.

O que é que existe de forma independente (ao mesmo tempo que é como um tecido) na natureza para que dela possam ser criados animais/plantas?

A minha resposta: Organismos pluricelulares

O corpo de todos os animais e plantas é feito de simbiose entre fungos e algas. O corpo dos líquenes é semelhante. Mas com a diferença de que: O crescimento é feito por zigotos conjuntos (alguns zigotos fundidos) (célula estaminal).

O genótipo

Aqui, propõe-se a questão de que na quimera dois componentes são diferentes no genótipo da célula formadora, o que é semelhante ao que pode ser observado no líquen. Isto significa que o genótipo das células das algas (Phycobiont) é diferente do genótipo das células dos fungos (Mycobiont). Mas nas plantas observamos que o genótipo das células é quase semelhante nos seus diferentes tecidos e pode produzir outros tecidos da planta a partir da cultura de um tipo de tecido. Como é que se explica este facto?

Temos uma imagem de um fungo formador (Mycobiont) de líquenes. Este fungo produz os esporos e espalha-os no meio ambiente. É óbvio que este esporo cresce e vai produzir o fungo. Mas ele precisa de continuar a vida da sua alga simbiótica (Phycobiont) e deve encontrá-la no seu ambiente circundante e formar um líquen, a menos que não consiga continuar o crescimento.

A alga também precisa deste fungo para continuar a sua vida e procura o seu fungo simbiótico no ambiente circundante. Pode ser que ambos se encontrem rapidamente e iniciem a vida em comum, ou demorem muito tempo a encontrar-se. Este é um problema de princípio para ambos. Isto significa que o problema é encontrarem-se um ao outro para iniciar a vida simbiótica. A reprodução assexuada é mais simples. Quando o pedaço de líquen se separa e inicia a vida independente, existem alguns dos dois, ou seja, alguns segmentos do micélio do fungo e algumas células da alga. Nesta condição, o problema de se encontrarem uns aos outros é eliminado. Mas, na proliferação sexual que é acompanhada da produção de esporos e da sua disseminação, o problema de se encontrarem uns aos outros coloca-se. Este fungo gosta muito de espalhar os seus esporos no meio ambiente, anexa uma célula de alga a eles e envia uma companheira com eles, até que os esporos não esperam por encontrar uma alga e sempre a célula de alga pronta está disponível até que os esporos possam crescer rapidamente e iniciar a vida simbiótica.

Se colocarmos um esporo do fungo e uma célula de alga ao lado um do outro e os colocarmos numa caixa com tampa, a semente de líquen é formada e enquanto a colocarmos em condições adequadas, será produzido líquen e não há necessidade do impacto (tropeço) do esporo do fungo e da célula de alga adequada. Há uma maneira melhor do que esta: juntamos o seu conteúdo (duas células) numa só célula. Esta célula cresce em condições adequadas e produzirá o líquen. O fungo e a alga estão separados um do outro, basta colocarmos as células de ambos ao lado um do outro até que não tenham o problema de se perderem um do outro e estejam sempre ao lado um do outro e não se percam. Nesta condição, temos uma célula primária que tem os genes do esporo do fungo e os genes da célula da alga, o que significa que duas células estão numa célula. Quando esta célula está situada em condições adequadas, primeiro, o esporo do fungo começa a crescer dentro dela. Depois de o fungo crescer um pouco e criar um ambiente adequado para o crescimento da alga, a alga começa a crescer e cria novas células de alga. Nesta condição, o líquen foi feito apenas a partir do crescimento de uma célula. Este líquen é exatamente igual aos líquenes que são formados separadamente a partir dos esporos e das células da alga, anteriormente. Neste líquen observamos tanto hifas de fungos como células de algas, mas há uma diferença que o genótipo de uma célula deste líquen tem tanto genes de fungos como genes de algas. Isto significa que há tanto o plano de produção de algas como o plano de produção de fungos numa só célula. Isto é para que eles nunca se percam um do outro. Cada existente também é companheiro do plano de produção do seu existente simbiótico. Isto é útil para ela e nunca vai esperar pelo seu existente simbiótico, porque ela tem o plano do seu. Esta célula transporta duas classes de genes, uma classe de genes de fungo, e a classe de genes de alga, estas duas classes de genes estão instaladas no núcleo da célula separadamente e não se misturam. Quando a célula quer fazer o fungo, usa os genes do fungo e quando não quer fazer a alga, usa os genes da alga. No início da proliferação celular a condição não é adequada para a alga, apenas os genes do fungo estão activos e o tecido do fungo é produzido. Depois de o fungo adquirir a água e o material mineral do solo e preparar as condições para o crescimento da alga, os genes da alga são activados e produzem a célula da alga e o tecido clorofilado é apresentado.

Esta história é exatamente igual à que temos nas plantas excelentes. As plantas excelentes são produzidas pela simbiose de fungos e musgos que colocaram os representantes (Genes) numa célula, um representante do fungo parasita, um representante do fungo que vive no solo e um representante do musgo juntaram-se e formaram uma célula. Esta célula tem três classes de genes. Quando plantamos esta semente no solo (colocamo-la num local húmido e escuro), são criadas as condições para o crescimento do fungo que vive no solo. Por isso, os genes deste fungo são activados na célula e é feito o fungo que vive no solo. É por isso que a reserva de albúmen da semente é formada a partir dos materiais que preparam os requisitos do fungo. Existem os materiais orgânicos necessários na semente para os fungos que vivem no solo e os fungos parasitas que crescem sem células de clorofila. Estes fungos crescem usando os materiais orgânicos guardados na semente e vêm eles próprios para a superfície do solo. Depois de se obter luz adequada para o crescimento das células de musgo, os genes deste existente são activados e produzem as células de musgo. Estas células de musgo começam a produzir a matéria orgânica através da clorofila e da luz. Neste momento, inicia-se a competição (simbiose) entre estes três seres vivos. O fungo que vive no solo adquire a água e o material mineral do solo e dá ao fungo parasita. O fungo parasita consome uma parte e dá ao musgo o restante. O musgo transforma o material mineral em material orgânico através da luz solar. O musgo consome parte desta matéria orgânica e dá ao fungo parasita o restante (ou o fungo parasita extrai-o). Uma parte da matéria orgânica chega finalmente ao fungo que vive no solo. Sempre, o crescimento é efectuado na extremidade do caule pela progressão do fungo parasita. Quando o fungo parasita progride um pouco, as condições de crescimento são preparadas para o musgo e as células do musgo crescem aí e produzem as folhas. As folhas são tecidos que são formados pelo musgo mas as nervuras são as mesmas da hifa do fungo parasita que penetrou nesse tecido e penetra mais nele fazendo crescer a folha. Em vez disso, remete a água e o material mineral para este tecido.

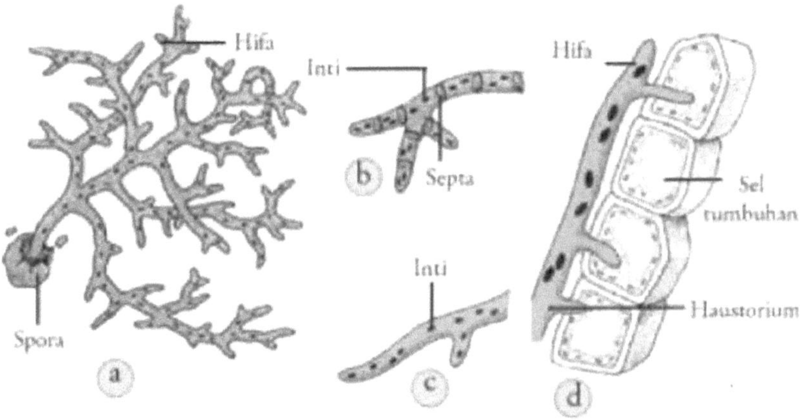

Sumber: *Biology*, 1981

As células proliferam no meristema terminal. Estas células têm a informação genética de três existentes e podem fazer a célula de musgo e o fungo parasita e o fungo que vive no solo. As células do fungo que vive no solo não podem ser formadas na extremidade do caule porque há luz. Assim, a condição é fornecida para ser ativo o gene do fungo parasita e a célula materna é alterada para uma célula das células de formação do fungo parasita. Assim, as células do fungo necessitam de matéria orgânica que deve ser produzida pela célula do musgo. Por isso, ao lado das células do fungo também devem existir as células do musgo. As células de fungo secretam os materiais para as células maternas que fazem ativar os genes de produção de musgo. Consequentemente, a célula materna transforma-se em célula de musgo e produz a matéria orgânica necessária. Chamamos a estes materiais secretores Hormona, e chamamos às fases de conversão da célula meristemática (célula materna) em célula parenquimatosa ou vaso, diferenciação. De facto, as hormonas são os materiais que estes seres simbióticos segregam uns para os outros e a diferenciação é o crescimento deste ou daquele ser. Assim, as hormonas das plantas são semelhantes aos materiais secretores do fungo parasita livre (não simbiótico). Como o mesmo do fungo parasita vive na planta, não outra coisa. Vemos que basta que mudemos para fazer a nova molécula os seus átomos e basta que mudemos o tipo de musgo ou fungo simbiótico para fazer os novos líquenes. Vemos nas excelentes plantas que podemos mudar o local destes componentes em conjunto pelo método da quimera e fazer novas plantas. Mas também há uma maneira simples de fazer plantas. Em vez de separarmos os componentes de formação e mudarmos o local dos mesmos, podemos separar os seus representantes na célula e mudar o local dos mesmos.

Isto é mais simples e mais prático. Significa que retiramos os genes de um tipo de fungo parasita da célula e colocamos os genes de outro tipo de fungo parasita em seu lugar. Assim, a nova planta será feita após o crescimento da célula. É assim que o engenheiro genético o faz. A natureza usa este método para criar novas espécies há cerca de um milhão de anos. A natureza tem sido capaz de criar as diversas espécies e o homem também o pode fazer e criar plantas com propriedades interessantes porque esta forma é simples.

Genes adicionais

Existem muitos genes nos cromossomas em qualquer célula da construção de plantas excelentes. No entanto, menos deles estão praticamente activos e outros estão inactivos. A questão que se coloca é: porque é que uma célula tem excesso de genes? E qual é a função destes genes inactivos. Observamos que eles reúnem os seus genes no interior de uma célula, agrupando seres policelulares; eliminam o problema de se perderem uns aos outros. Consequentemente, qualquer nova célula resultante desta célula inclui todos os genes pertencentes às criaturas. Ou seja, se os quatro primeiros seres coexistirem num grupo, cada célula do grupo incluirá os genes de quaisquer dos quatro primeiros seres. Dentro de cada célula (do corpo de uma planta excelente) apenas os genes relacionados com uma dessas criaturas estarão activos, mas os outros serão armazenados inativamente. Estes genes adicionais serão utilizados na multiplicação assexuada. Por exemplo, é devido a estes genes adicionais que um tecido deriva de outros tecidos na cultura de tecidos. De facto, estes genes em excesso transportam o plano de construção de outros tecidos, ou seja, transportam o plano de construção de outras criaturas coexistentes.

Existem diferentes tecidos no corpo de uma pessoa excelente. Nas células de cada um destes tecidos, uma parte dos genes está ativa. No parênquima, alguns genes estão activos, nos tecidos dos vasos, outras partes dos genes e na raiz outras. No senso comum, os outros genes de uma célula permanecem inactivos. Mas, quando cortamos um caule desta planta e a propagamos por estacas, observamos que a raiz é gerada no caule.

Neste momento, os genes inactivos das células estaminais actuam e mostram o desenho da construção da raiz. Ou seja, em cada célula de uma planta, existe o desenho da construção da folha, do caule e da raiz. Ou seja, existe uma amostra (agente) dos três seres individuais numa célula.

Sempre que um deles se perde, a amostra de genes (agente) actua e gera o seu coexistente. Quando cortamos um caule e o propagamos, o caule (fungo parasita) perde o coexistente da raiz (fungo que vive no solo) e tem de encontrar um novo coexistente. Mas em vez de o seguir ou de esperar o contacto com ele, utiliza os genes armazenados anteriormente para construir o seu coexistente e constrói uma raiz para si próprio. Nos líquenes, essa troca de genes ainda não se efectuou. Quando um dos seres perde o seu coexistente, não é capaz de o construir de novo e deve esperar e encontrar um novo coexistente para o criar. Ou seja, ficam um estádio atrás das plantas excelentes. Por isso, podemos dizer que as plantas excelentes são líquenes avançados.

Animais

Observámos que, no mundo, existem alguns princípios chamados princípio do agrupamento de componentes, princípio dos componentes independentes e princípio da coexistência, aos quais todos os componentes do mundo obedecem. Observámos também que qualquer componente é criado pelo agrupamento e união de outros componentes simples. Os átomos, as moléculas, os organelos, as células e os policelulares simples, os líquenes e as plantas excelentes, todos foram criados pelo agrupamento de componentes simples de escadas anteriores. Mas na terra, para além das plantas, há outras criaturas que pertencem aos animais excelentes. Se os animais são um dos componentes do mundo, eles também devem obedecer a este princípio básico. A questão é a seguinte: será que os animais são criados pelo agrupamento e coexistência de criaturas mais simples? O corpo dos animais, tal como o das plantas, foi criado por mecanismos e tecidos separados. Estes mecanismos são considerados como criaturas simples agrupadas? O sistema circulatório, o sistema digestivo, o esqueleto, o mecanismo de geração e o sistema nervoso, todos têm tecidos separados e distintos, que vivem como coexistentes! Uma vez que as células são mais pequenas do que a unidade criadora dos animais, parece razoável que entre estes dois grupos, ou seja, a célula e o animal, exista um escalão intermédio. Os mecanismos do corpo são os componentes mais adequados para preencher este degrau intermédio. Mas há que ter evidências que comprovem este ponto de vista. Devemos observar o princípio de componentes independentes sobre eles, também. Ou seja, cada componente deve ter a capacidade independente de viver, ou seja, a observação de viver os componentes formam o animal na natureza de forma independente e solitária. Supomos que os animais excelentes são criados pelo agrupamento de criaturas simples e que essas criaturas simples produzem os animais excelentes pela vida coexistente. Assim, para encontrar os componentes independentes dos animais excelentes, devemos procurá-los entre criaturas simples. Entre as criaturas simples, podemos encontrar criaturas que são compostas por um tipo ou menos de mecanismo. Por exemplo, consideremos um verme da família dos Platelmintos (Platyhelminthes). Este animal é simples. Não tem sistema circulatório, sistema respiratório e esqueleto. Ou seja, trata-se de um animal que foi criado pela união de alguns seres policelulares. Os vários vermes são o exemplo apropriado sobre este material. Alguns deles têm um mecanismo e outros têm outro mecanismo! O Enteroxenos (Gastropoda, Mollusca) possui apenas o mecanismo genital dos mecanismos corporais. Este animal vive na cavidade geral do corpo (celoma) como parasita em holotúrias (de equinodermes). Portanto, o seu corpo é constituído por um único componente. Ou seja, o mecanismo genital pode viver num ambiente sozinho e independentemente de outro componente. Isso corresponde ao princípio da independência dos componentes. Assim, observamos que este é o caso dos animais. No corpo dos animais excelentes, os componentes primários vivem juntos como uma coexistência. Mas quando as circunstâncias ambientais mudam este equilíbrio pode entrar em colapso e um dos componentes prevalecer sobre outro componente.

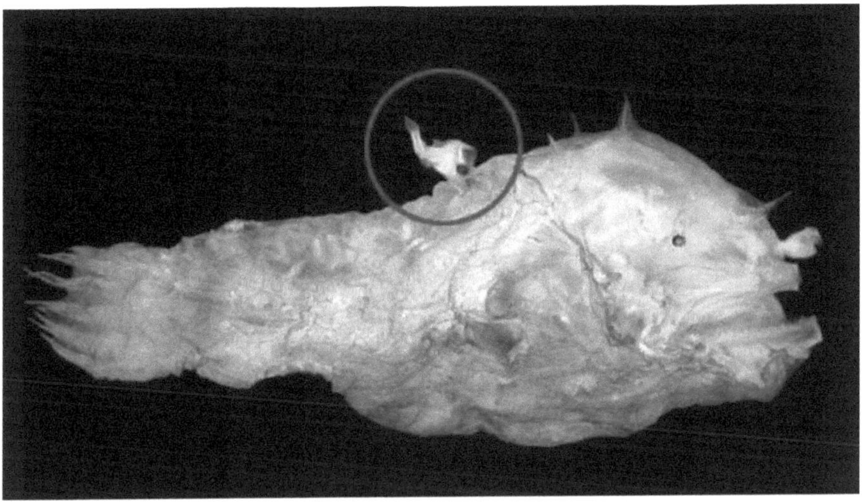

Enquanto os membros do grupo precisarem de um mecanismo, apoiam-no. Mas quando se encontram em circunstâncias em que esse componente não é necessário, retiram-no e começam a comê-lo ou a destruí-lo. Por exemplo, quando um inseto como as pulgas (Siphonaptera) adquire o hábito de vida parasitária e hematófaga, nestas circunstâncias, apesar do alimento preparado, o mecanismo de digestão não é necessário. Neste momento, o corpo do inseto começa a remover este mecanismo. Ou seja, há uma disputa entre as criaturas, e a criatura que compõe o mecanismo de digestão é derrotada e removida, porque sua existência não é necessária na massa de coexistentes. Quando os músculos não são usados no corpo de um animal, eles desmaiam e são removidos gradualmente. Porque o corpo alimenta-se de tecido muscular. Na massa de coexistência, qualquer criatura que não faça nada e não seja benéfica para o grupo, é removida por outros componentes, a fim de diminuir o parceiro de vida. Por exemplo, nos peixes machos, um parasita chamado Ceratias que se agarra à fêmea chamada Linophryne, obtém todos os alimentos do corpo da fêmea.

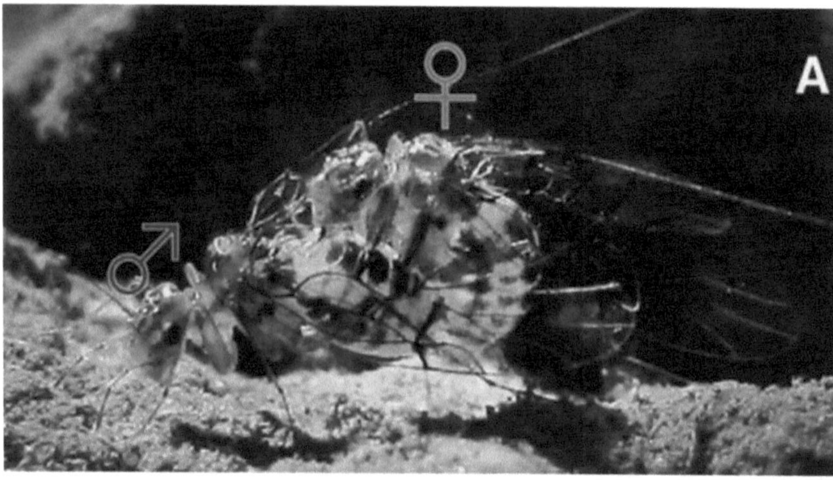

Neste caso, todos os mecanismos do corpo do peixe parasita se arruínam, exceto o mecanismo do esqueleto e o mecanismo genital. Ou seja, os peixes foram criados pela coexistência de dois seres únicos que são o compositor do esqueleto e o compositor do mecanismo genital. Quando um animal se coloca em gravidade zero, os seus ossos não fazem nada por um animal. Assim, neste caso, o sedimento de cálcio nos ossos reduz-se gradualmente e o tecido ósseo elimina-se progressivamente.

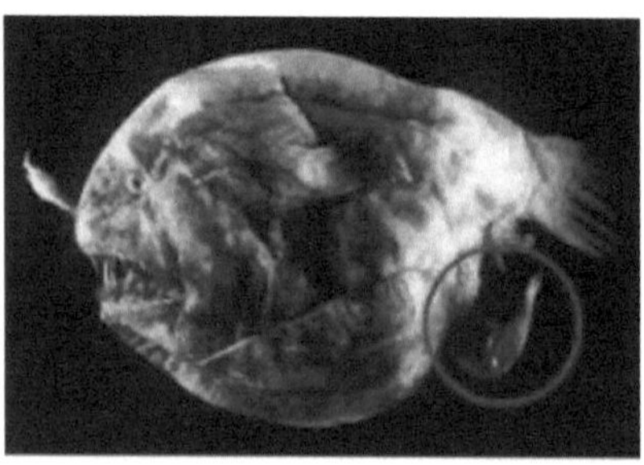

* W. Ruox, o embriologista alemão, disse: "Há uma disputa entre os órgãos sobre a alimentação. O embrião dos animais é a coleção de agentes das criaturas individuais que se juntaram num só lugar e cada um começa a crescer e a fazer diferentes mecanismos do corpo através da criação de circunstâncias favoráveis. * Em 1905, "Conklin" sacudiu o ovo de Styele numa fase em que tinha quatro blastómeros, destruindo assim dois blastómeros do mesmo. Ao destruir dois blastómeros posteriores, criou-se uma parte do embrião que não tinha células musculares e endodérmicas mas tinha tecido neural e tubo neural e ao destruir dois blastómeros anteriores, criou-se uma parte do embrião que tinha células musculares e endodérmicas mas não tinha tecido neural e tubo neural. Cada parte do embrião pertence a uma única criatura que coexistiu. Se destruirmos o embrião, impedimos o seu crescimento. Se destruirmos o indicador do ser único que constitui os músculos, nenhum

músculo será constituído no embrião. Se destruirmos o indicador de uma única criatura que constitui o neurónio, não se desenvolverá nenhum mecanismo nervoso no embrião. Pelo contrário, podemos fazê-lo, ou seja, em vez de destruir um indicador, duplicamo-lo. Neste caso, retiramos um indicador do embrião e transferimo-lo para outro embrião. Assim, num embrião, haverá um indicador duplo. Após o seu crescimento, haverá dois mecanismos semelhantes num animal. Isto foi feito em alguns bovinos de carne e há dois de cada músculo. Isto é, duas criaturas individuais que são compositores musculares cresceram no seu corpo. Este método é observado no mecanismo genital. Alguns animais são hermafroditas, ou seja, têm um mecanismo genital masculino e um mecanismo genital feminino, isto é, duas criaturas individuais cresceram para formar o mecanismo genital. Alguns crustáceos podem ser machos ou fêmeas (de acordo com as circunstâncias ambientais). Ou seja, ao criar circunstâncias favoráveis para o crescimento do mecanismo genital masculino, o crustáceo torna-se macho ou, ao criar circunstâncias favoráveis no corpo para o crescimento do mecanismo genital feminino, o crustáceo torna-se fêmea. Ou seja, ambas as criaturas individuais estão no corpo do animal, a condição é fornecida para o crescimento de cada uma delas, a criatura cresce e especifica a sexualidade do animal. Este processo é observado nalguns peixes, como o Goby, que pode mudar a sua sexualidade de acordo com a população que nele vive. Nalguns animais, como o peixe Girella, na juventude, tem sexo masculino e, na velhice, tem sexo feminino. Este método é observado em muitas plantas, pois na juventude cresce o órgão masculino e depois o órgão genital feminino. Ou seja, os dois não podem crescer ao mesmo tempo, o que ganhar na competição cresce primeiro e vive, depois de desmaiar a outra criatura prevalece e encontra a oportunidade de crescimento. Esta é uma razão muito boa que demonstra que o corpo dos animais é criado pela coexistência de várias criaturas individuais. Como a vida das criaturas individuais é diferente, uma delas morre mais cedo e a outra mais tarde, e a sua separação distingue-se. Por exemplo, o mecanismo genital das fêmeas morre mais cedo do que os outros componentes da composição. É por isso que as fêmeas mais velhas não podem gerar. A quimera também ocorre nos animais. Quando uma parte de um embrião cresce ao lado de outra parte de outro animal, é criado um animal quimérico. Neste processo, algumas das criaturas individuais de um embrião passam a coexistir com as criaturas individuais de outro embrião e dão origem a um animal, como é o caso dos animais cruzados (mula) e dos gatos que têm dois olhos de cor diferente. Da mesma forma, um átomo é separado de uma molécula e separa um átomo de uma outra molécula, produzindo uma nova molécula a partir desses átomos. Portanto, observamos que o princípio da independência dos componentes é o caso do animal, e podemos separar os componentes e usar em outro lugar. Ou seja, embora os componentes participem da estrutura de um corpo animal, mas ao mesmo tempo preservam sua independência. Claro que este processo, durante o feto, quando os componentes ainda não cresceram, é muito fácil, mas depois do crescimento do animal a sua separação e transferência é muito difícil. Os seres individuais que vivem juntos em coexistência, as suas células iniciais misturam-se e produzem um óvulo para não se perderem, de modo que todo o conteúdo genético existe na célula como cromossomas. (Como algo que observámos em excelentes plantas). A mistura de várias células e a produção de uma célula é um processo prático, como se observa num espermatozoide e num óvulo. O espermatozoide e o óvulo são células separadas, mas após a fecundação, criam uma célula que contém os genes das duas células misturadas. Este processo acontece com outros seres vivos, ou seja, uma célula de um ser vivo mistura-se com uma ou mais células semelhantes, que pertencem a outros seres vivos, e dá origem a um óvulo de um animal excelente. Nos primeiros passos do crescimento deste ovócito, as células de cada um destes seres isolados separam-se. É por isso que, quando destruímos uma parte do embrião, uma dessas criaturas é destruída e não é criado nenhum mecanismo do corpo do animal.

Estes seres, durante o seu crescimento até ao embrião, competem na alimentação e exsudam uns contra os outros o que lhes chamamos hormonas. A condição adequada para o crescimento de cada uma das criaturas policelulares é a divisão das células do embrião. O mecanismo nervoso cresce, os vasos sanguíneos crescem e ramificam-se. O local adequado para o crescimento dos vasos sanguíneos é a medula óssea. As células sanguíneas aninham-se aí e aumentam ordenadamente e continuam o seu crescimento. Estes seres únicos competem entre si, mas como precisam uns dos outros, não se afastam e vivem juntos pacificamente, mas quando as condições mudam e um deles desmaia, os seus concorrentes prevalecem e alimentam-se dele. Quando uma rã sai da água na fase metamórfica, algumas partes, como as guelras, que não servem para mais nada, são comidas por outros componentes coexistentes.

Para além das criaturas coexistentes que acompanham a fase embrionária, outras criaturas são-lhes adicionadas e tornam-se coexistentes, tais como os tipos de vermes unicelulares parasitas, etc., que vivem no mecanismo de digestão dos animais. Um animal herbívoro nunca estará vivo sem os unicelulares que possuem a enzima celulaz (como as ovelhas e as térmitas). Depois, a larva dos animais faz com que estes unicelulares coexistam no seu estômago mas, os unicelulares podem misturar-se com o ovócito e inserir os seus genes no ovócito, neste caso, não precisam de se encontrar. E ao fazer crescer o embrião do animal, as células da criatura unicelular são criadas e começam a atividade no estômago do animal. Isto é observado nos insectos xilófagos dos coleópteros. O crescimento de seres unicelulares policelulares no corpo dos animais é efectuado de forma sistemática, mas por vezes este sistema não é considerado e as fases normais não são ultrapassadas. Por exemplo, antes que os mecanismos do corpo animal cresçam completamente e o animal atinja a maioridade, os sistemas reprodutivos crescem, neste caso este mecanismo impede o crescimento de outros órgãos.

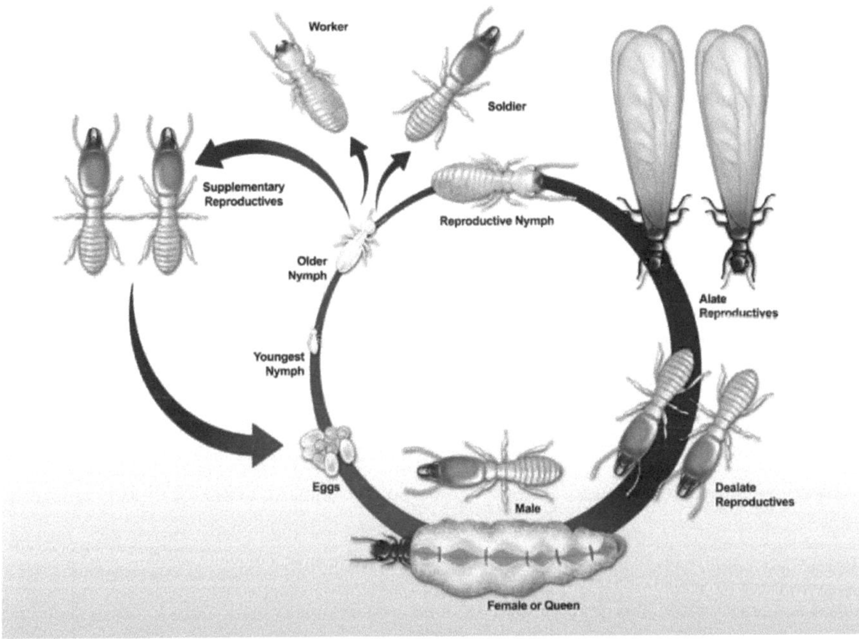

Este processo é designado por neotenia (neoteny), ou seja, o crescimento precoce dos sistemas reprodutores. Este processo é observado em insectos como o "Glow-worm" de um escaravelho da família "Lampyride", piolho fêmea da família "Coccidea" e também em operárias de térmitas. Quando o inseto ainda é larva, os sistemas reprodutores do inseto crescem e o inseto gera enquanto é larva e já não cobre um inseto completo. Este processo é observado no Axolotl das Salamandras (Batráquios).

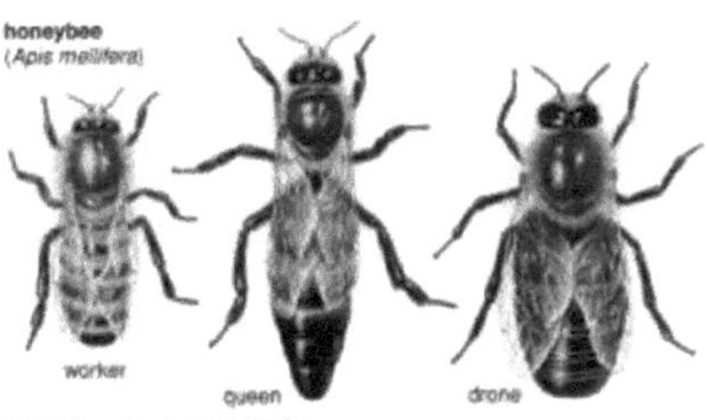

Estes batráquios antes de completarem o seu ciclo de vida e se metamorfosearem, na fase aquática os seus sistemas reprodutores crescem e geram e não podem chegar à idade adulta e ter uma vida terrestre. É claro que, variando as condições, podemos evitar o crescimento precoce dos sistemas reprodutores. Devido ao crescimento precoce dos sistemas reprodutores, os Axolotl vivem no México naturalmente e não podem vir para terra. No entanto, observou-se que os Axolotl transferidos para Inglaterra conseguiram passar à fase adulta e à fase terrestre. A injeção de hormonas pode impedir o crescimento precoce dos sistemas reprodutivos para que o animal possa ter oportunidade suficiente para desenvolver outros órgãos e chegar à idade adulta. Assim, observamos que com a mudança das condições ambientais, mas sem alterar o genótipo do animal, um novo animal é produzido. No México, o Axlotle converte-se num animal e em Inglaterra, onde dominam outras condições ambientais, noutro animal. Um caso típico é o da "Schistocerca gregaria" (Orthoptera). Em condições favoráveis, este gafanhoto emigrante vive com alimentação abundante sozinho (esporádico), mas durante a seca e com menos alimentação vive em grupo e emigra. É interessante que ambos diferem morfologicamente e os entomologistas consideram-nos como espécies diferentes. Nos últimos anos, verificou-se que estes dois gafanhotos (isolado e emigrante) são uma só espécie e que, em condições ambientais diferentes, se convertem em dois tipos de insectos diferentes do ponto de vista morfológico e comportamental. Por conseguinte, a disposição e a quantidade de crescimento de cada uma das criaturas individuais coexistentes no corpo de um animal é eficaz na espécie animal. É possível que dois animais sejam semelhantes no tipo de criaturas individuais coexistentes, mas em condições ambientais diferentes são produzidos dois animais diferentes. Numa condição, uma criatura única cresce mais, mas noutra condição, outra criatura única cresce mais. É o caso do átomo de carbono. O diamante e a grafite são feitos de átomos de carbono, mas em condições diferentes. Estas condições ambientais diferentes criam dois elementos diferentes a partir de um átomo de diamante e de grafite. Os insectos gregários (sociais), como as abelhas, as térmitas e as formigas, conhecem este processo e utilizam-no. O genótipo da operária e da rainha é semelhante, mas os insectos produzem operárias ou rainhas de acordo com o seu gregário. Os insectos especificam o destino da larva mudando o tipo de alimento. As larvas que comem geleia real (alimento especial) convertem-se em rainhas, mas as que comem alimento normal tornam-se operárias. Assim, observamos que aqui, o genótipo do animal não tem qualquer função na sua conversão em rainha. São apenas as condições ambientais que determinam o seu género. Ao alimentar-se de geleia real, as condições são favoráveis para alguns dos seres que coexistem individualmente e crescem mais, por exemplo, o ser que cria os sistemas reprodutores. Neste estado, a larva transforma-se em rainha. Durante a alimentação normal, a condição para outras criaturas individuais torna-se favorável, e o mecanismo genital não pode crescer mais, então a larva converte-se em uma trabalhadora. Assim, observamos que a separação de seres únicos coexistentes é óbvia. Uma formiga operária tem um genótipo idêntico ao da formiga rainha, mas diferem morfologicamente. A formiga rainha tem dois pares de asas, um volume maior e um mecanismo genital completo, mas a formiga operária não tem asas, o seu volume é pequeno e o seu mecanismo genital não cresceu. Portanto, vemos que um tipo de genótipo gera dois tipos de animais diferentes e isso só se consegue mudando as condições de vida. A entrada de uma única criatura no corpo da formiga leva à criação de asas tanto no corpo da rainha como no da operária. As condições de crescimento da criatura única são fornecidas no corpo da rainha, mas não são fornecidas no corpo da formiga operária.

As térmitas (insectos) e os ratos-toupeira (mamíferos) utilizam este processo e produzem castas de operárias, rainhas e soldados nos seus gregários, nos quais diferem morfologicamente e nos órgãos internos. A produção de dois animais diferentes a partir de um genótipo semelhante também é observada nos afídeos. Os afídeos são insectos que se apresentam em diferentes formas durante um ciclo de vida. Os afídeos que saem do ovo na primavera são designados por fêmeas fundadoras. Cada pulgão-fêmea pode gerar várias gerações através da partenogénese e dar origem a mais pulgões fêmeas. Estes pulgões sem asas são chamados "fêmeas assexuadas" e podem produzir pulgões fêmeas semelhantes até várias gerações através da partenogénese. No final da primavera, as fêmeas aladas são produzidas através de uma luz longa e da mudança de seiva. Estas pulgões fêmeas aladas são chamadas Migrantes. Os pulgões geram-se por partenogénese e produzem pulgões alados ou sem asas. No final do verão e do outono são produzidas fêmeas vivíparas.

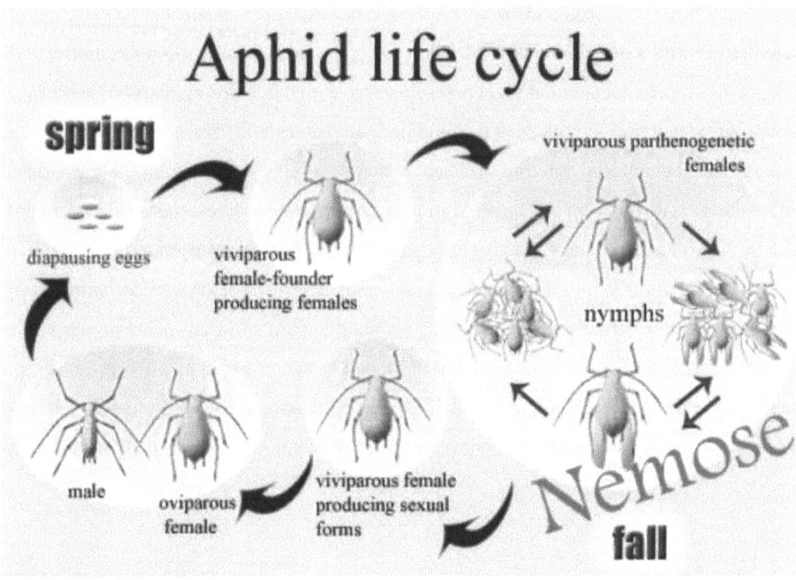

Estes pulgões dão origem a larvas, algumas das quais são machos e outras são fêmeas. Após o acasalamento, estes pulgões machos e fêmeas põem ovos que se transformam em fêmeas na primavera do ano seguinte, e o ciclo de vida continua. Os exemplos mostram que a mudança das condições ambientais e do tipo de alimentação pode produzir, a partir de um animal com genótipo idêntico, animais diferentes em termos de morfologia e género. Esta questão não pode ser explicada a não ser aceitando a coexistência de criaturas iniciais (únicas) no corpo dos animais.

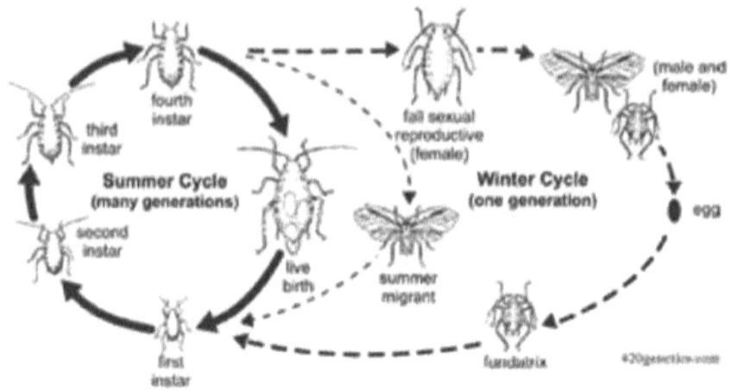

Enquanto houver um equilíbrio entre os componentes iniciais, o animal vive bem, mas quando um dos componentes encontra mais poder, cresce voluntariamente, o equilíbrio de poder anula-se e produzem-se diferentes doenças, no corpo do animal. É claro que a doença ou a saúde é uma questão relativa e é definida em função das condições ambientais e de outras caraterísticas. Suponhamos que uma nova criatura inicial (única) ataca um grupo coexistente. Se a existência do novo ser no grupo os beneficia, um novo animal será produzido e viverá, caso contrário, (se a existência do novo ser no grupo os prejudica) dizemos que o animal está doente e depois de algum tempo pode morrer. Por exemplo, na idade dos répteis, um animal tinha pêlos no corpo e no corpo dos animais havia escamas e espirais. Então, uma criatura inicial atacou o grupo de conviventes e fez crescer pêlos na pele do corpo dos animais. Esta matéria era uma doença e matou alguns animais, mas alguns deles aproveitaram a existência de pêlos no seu corpo e introduziram-se através deles. Neste caso, a criatura inicial chega a um acordo com o grupo coexistente e vive com eles. Assim, surgiram novos animais cujo corpo tinha pêlos (é por isso que, após a morte de um animal, os seus pêlos e unhas permanecem vivos durante algum tempo para crescerem). Assim, vemos que para surgirem pêlos no corpo dos animais não são necessários vários anos e evolução. Basta que exista uma vida pacífica entre o grupo inicial e uma nova criatura única. Devido à simplicidade deste método, a natureza tem sido capaz de produzir espécies animais. Um tem escamas, outro tem pêlos, um tem glóbulos vermelhos mas outro não tem e ...

Socials

Observamos que, no mundo, os componentes individuais se juntam num grupo e criam um componente complicado. Os componentes que compõem o átomo juntam-se num grupo e formam um átomo. Os átomos juntam-se num grupo e formam moléculas. As moléculas compõem os materiais orgânicos complicados, os materiais orgânicos compõem os organelos, os organelos juntam-se num grupo e formam as células. As células juntam-se num grupo e formam os policelulares (criaturas únicas) (criaturas policelulares iniciais). As criaturas policelulares iniciais juntam-se num grupo e formam excelentes plantas e excelentes animais. Os animais excelentes, por sua vez, reúnem-se em grupo e formam as sociedades (colónias). As colónias podem ser iniciais ou avançadas. Quando a dependência das colónias é grande e a divisão do trabalho é maior, essa colónia é avançada. Um bando de veados é como uma colónia. Mas esta colónia é inicial, porque a distribuição do trabalho não foi realizada sobre ela. As colónias mais avançadas são as dos insectos, como as abelhas, as formigas e as térmitas. Quando vemos um ninho de térmitas, podemos falar de uma colónia sem considerar as térmitas, separadamente. Podemos falar da sua grandeza ou pequenez. Podemos falar da sua saúde ou doença. Podemos falar do crescimento da colónia. Podemos falar da idade da colónia. Talvez a vida de cada térmita seja mais curta do que a idade da sua colónia. Mas isso não é muito importante, porque novas térmitas as substituem e a colónia continua a sua vida. Mesmo que a rainha se destrua, uma nova rainha a substitui e a colónia mantém-se. As térmitas soldados defendem a colónia. As operárias fornecem a alimentação da colónia e fazem a sua estrutura. A rainha gera. A colónia pode crescer por si própria. Podemos então falar do nascimento ou da morte da colónia. O princípio do agrupamento dos componentes, dos componentes independentes e da coexistência dos componentes é o caso da colónia. Assim, estas colónias são uma das escadas do mundo existente. Esta escada está ao lado de excelentes animais, e os componentes que a compõem são os próprios animais. Este não é o último degrau da escada do mundo existente, e podemos estabelecer outros degraus, talvez os degraus existam agora ou no futuro. Em qualquer caso, o agrupamento de componentes pode ser infinito e outros grupos grandes, que não podemos observar.

Inicialmente, as células estaminais são constituídas pela fusão de duas células diferentes

Initially the Stem cells, has made of the merging of two dissimilar cells.

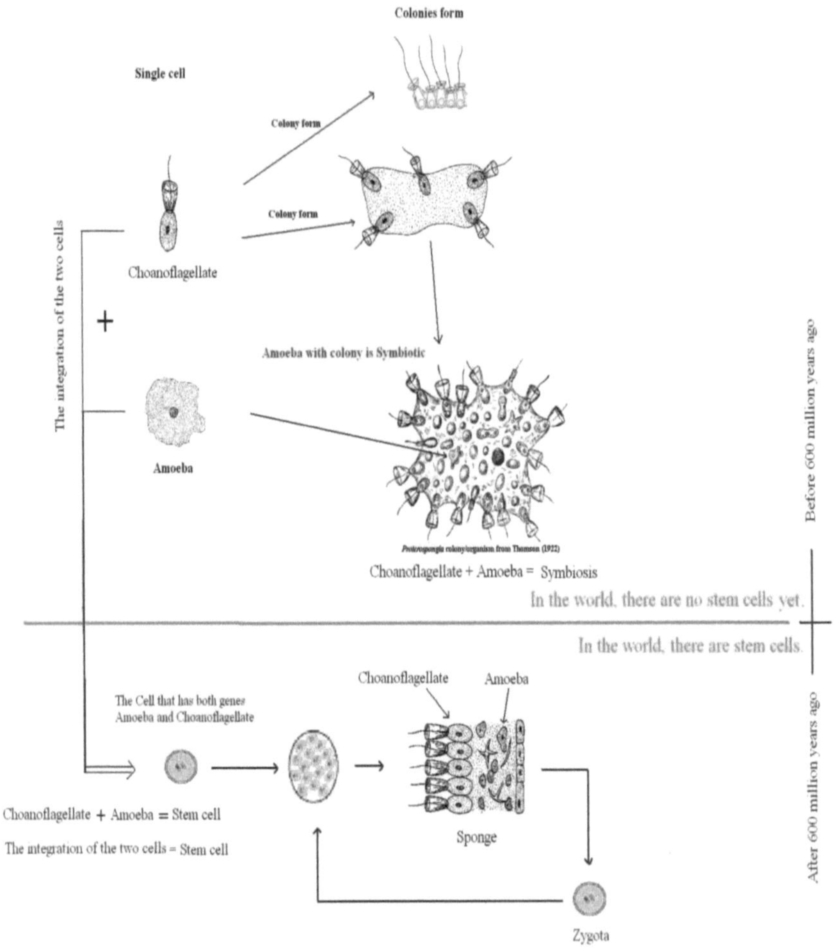

Ramin Amirmardfar
01 November 2014

How the appearance of the first animal stem cells?

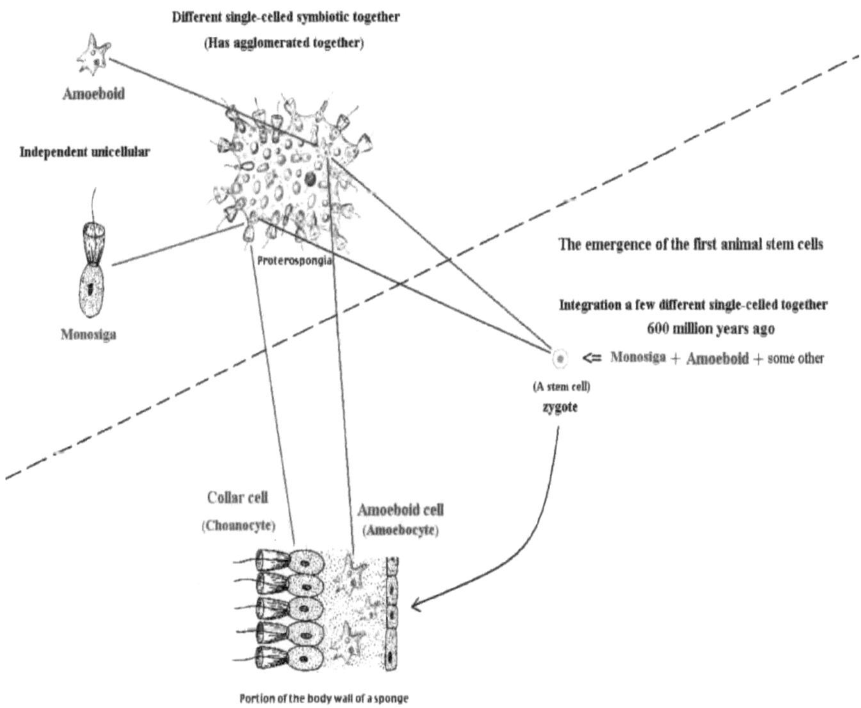

A animal "stem cell" has emerged for the first time on Earth from the merger of tow or several different independent single-celled in 600 mya.

Ramin Amirmardfar
Friday - 2016 08 July

É possível introduzir uma célula estaminal unicelular na natureza?

As células estaminais são células biológicas indiferenciadas que podem diferenciar-se em células especializadas e .

Encontram-se em organismos multicelulares. (http://en.wikipedia.org/wiki/Stem cell)

Esta é uma crença errada --> Encontram-se em organismos multicelulares

As células estaminais também são observadas em células individuais.

É possível introduzir uma célula estaminal unicelular na natureza?

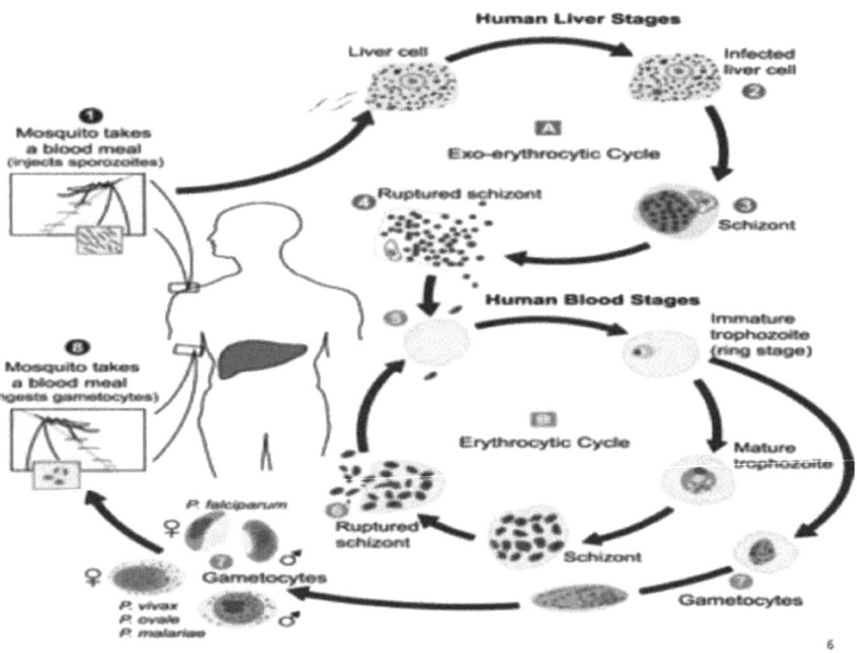

Super organismos:

"A próxima etapa será a reunião dos insectos sociais".

A regra de classificação para a evolução da biomassa na Terra

Desenhei um diagrama sobre a regra de classificação para a evolução da biomassa na Terra. Esta figura mostra a evolução da massa etapa por etapa, desde a partícula mais pequena até às comunidades de insectos. Cada etapa (fase) surge através da montagem de partes da etapa anterior. O tempo de ocorrência de cada etapa é posterior à etapa anterior. Por exemplo, as proteínas só podem surgir se os aminoácidos já existirem antes. Existem etapas desconhecidas no diagrama, indicadas por pontos de interrogação. Uma delas é a última etapa que ainda não foi criada e que ocorrerá no futuro. Neste artigo, previ a próxima etapa que ocorrerá no futuro.

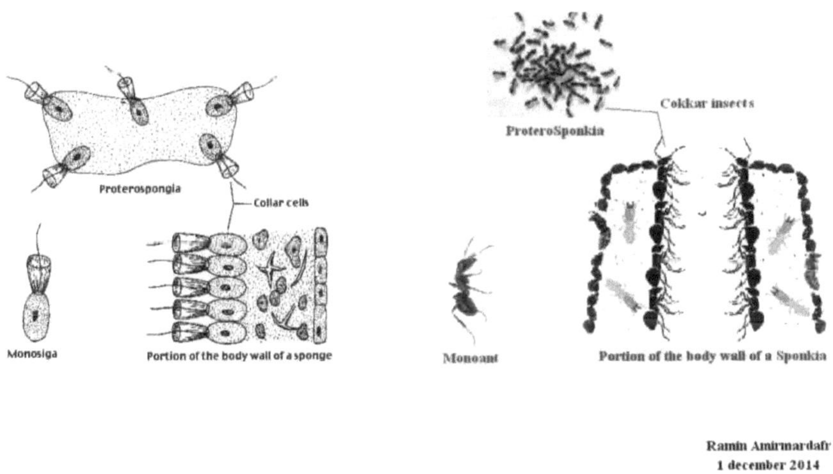

Tal como os animais surgem através da reunião das células, também o passo seguinte (superorganismos) surgirá através da reunião dos insectos sociais. Os insectos sociais serão componentes dos super-organismos. Os superorganismos evoluirão de forma semelhante ao reino animal. E terão espécies independentes e diferentes. Tal como as células se fixam no corpo dos animais. Os insectos serão fixados no corpo do super-organismo. Como no corpo dos animais, algumas células estão a mover-se (por exemplo, as células sanguíneas). Alguns insectos deslocam-se no corpo do superorganismo (por exemplo, os soldados das térmitas).

What is this image? What do you think, please explain.

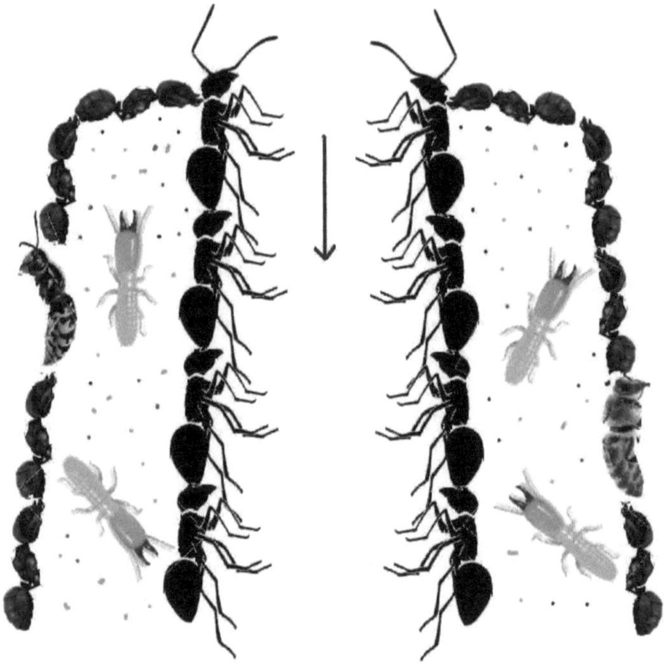

Ramin Amirmardfar
29 Novamber 2014

A célula estaminal no corpo de um animal A célula estaminal no corpo de um animal social

Referências

Mardfar R.A. (2001). O ABC da Evolução. Publicado pelo autor, 58 pp.

MIX
Papier aus verantwortungsvollen Quellen
Paper from responsible sources
FSC® C105338

Printed by Books on Demand GmbH, Norderstedt / Germany